U0156107

Harnessing Data and AI to
Reinvent Customer Engagement

通过用户数据和人工智能
重塑现代营销

数据驱动

古留歆 译

[美] 汤姆·查韦斯 (Tom Chavez)
[美] 克里斯·奥哈拉 (Chris O'Hara)
[美] 维为克·韦德亚 (Vivek Vaidya) 著

中信出版集团 | 北京

图书在版编目（CIP）数据

数据驱动 / （美）汤姆·查韦斯，（美）克里斯·奥
哈拉，（美）维为克·韦德亚著；古留歆译. -- 北京：
中信出版社，2021.7
书名原文：DATA DRIVEN: Harnessing Data and AI
to Reinvent Customer Engagement
ISBN 978-7-5217-3097-5

Ⅰ.①数… Ⅱ.①汤… ②克… ③维… ④古… Ⅲ.
①数据处理—研究 Ⅳ.① TP274

中国版本图书馆 CIP 数据核字（2021）第 077668 号

数据驱动

著　者：[美]汤姆·查韦斯　[美]克里斯·奥哈拉　[美]维为克·韦德亚
译　者：古留歆
出版发行：中信出版集团股份有限公司
　　　　　（北京市朝阳区惠新东街甲 4 号富盛大厦 2 座　邮编　100029）
承 印 者：北京楠萍印刷有限公司

开　本：880mm×1230mm　1/32　　印　张：7　　　字　数：180 千字
版　次：2021 年 7 月第 1 版　　　印　次：2021 年 7 月第 1 次印刷
京权图字：01-2021-2525
书　号：ISBN 978-7-5217-3097-5
定　价：68.00 元

重磅推荐

在这个由数字和数据驱动的世界，营销人员只要跟上潮流，会使用当下的实用工具，懂得汤姆、克里斯和维为克在书中分享的经验法则，就可以了解顾客的好恶，及时满足顾客的需求。《数据驱动》就是这样一本不可或缺的工作手册，它能够帮助市场营销人员把握新机遇。

——杰弗里·摩尔
硅谷高科技营销教父、鸿沟咨询公司创始人
著有《跨越鸿沟：颠覆性产品营销圣经》

数据在每一个商业领域都极具竞争力，这也是投资人花大把时间研究数据的原因。《数据驱动》一书由这个行业的专家所著，他们乐于和大家分享自己的见解，让大家都能快速理解并应用数据。如果你是投资者或企业高管，正在寻找数据驱动的新机遇，那么这本书可以为你提供重要的参考。

——尼努·马拉科维奇
蓝宝石创投首席执行官

世界对新技术的渴求和新技术的大爆炸，是目前营销人员面临的最大的冲击。这就需要我们在数据和人工智能的利用上采用全新的策略，创造更多与消费者强相关、强互动的连接机会。《数据驱动》一书是市场营销人员的重要指南，这本书能够帮助他们应对数据挑战，为品牌寻求最大的收益。

—— 蒂安妮·埃尔斯纳
家乐氏公司总裁

如果你和很多商务人士一样，可能会在工作中遇到与数据相关的话题，并且认为理解数据术语很困难，那么阅读《数据驱动》这本书能帮助你快速熟悉这些流行词。它还能帮你了解数据可以为你的公司和个人的职业发展做出何种贡献。

—— 格雷格·肖特
Salesforce（软营）旗下 MuleSoft 的首席执行官

这本书能够帮助你了解数据这一全新的领域。其作者都是富有远见的企业家，既有严谨的学术态度，又有创业公司领导者的实用主义，能够运用讲故事的方式生动地叙述数据的价值。在当今时代尤其需要了解数据这样一个重要、普遍又很令人困惑的主题。在此书中汤姆、克里斯和维为克三人基于自己丰富的经验对数据进行了介绍。

—— 亚历克斯·罗森
风险投资公司 Ridge Ventures 董事、总经理

如果你从事的工作需要通过数字技术与消费者互动，那么过去 10 年发生的变化会颠覆你的很多认知。要掌握成功所需的知识，阅读这本书是一条

捷径。你可以利用书中的真实案例和框架，实现与受众的有效互动。

—— 阿莉西娅·博尔希奇
梅雷迪思集团首席营销官兼首席数据官

对于品牌而言，当下的发展形势既令人困惑又令人激动，而汤姆、克里斯和维为克是聪明的向导。不论你是头脑冷静的营销专家还是充满好奇心的普通人，这本书都能告诉你由数据驱动的现代品牌的成功之道。

—— 马丁·基恩
高德纳咨询公司副总裁

数据和人工智能正在变革营销行业，汤姆、克里斯和维为克是这场结构性转变的先驱人物。这本书是非常棒的指引。对于营销人员和商务人士，以及对数据如何改变世界感兴趣的人而言，这本书充满了独特的见解。

—— 乔纳森·莱文
斯坦福商学院院长、奈特 - 汉尼斯学者奖学金项目教授

很少有资源能够真正帮助新人和经验丰富的营销人员理解数据营销的前景，并打磨职业技能。这本书做到了，它是相关从业人员亟须的好书。作者成功地揭秘了相当复杂的话题，叙述引人入胜并且让人有参与其中的感觉——阅读这本书不亚于参加了一场阅读盛宴。

—— 维森特博士
法国南特高等商学院营销学副教授

谨以此书献给所有支持并共同缔造卓越的 Krux 公司的伙伴。

汤姆·查韦斯　维为克·韦德亚

献给一直相信我的 79 岁的诺里·瑞德·奥哈拉和 11 岁的米娅·梅瑞狄斯·奥哈拉，你们的勇气每天都鼓舞着我。

克里斯·奥哈拉

前言

揭开数据应用的真相

亚马逊、网飞、谷歌、脸书等公司的迅速崛起，令商界人士感到震惊。谁能料想到电子商务、视频流媒体、搜索引擎和社交网络的发展竟会如此迅速，达到如此庞大的规模。有专家解释，这既是互联网发展带来的转变，又得益于人们长期在线的需求。人们的在线时间越长，就会有越多的广告浏览量和销售机会，这将为这类公司创造海量营收。

互联网巨头崛起的部分原因在于无处不在的连接，这也是 Sportify（国外的一个流媒体音乐播放平台）、Tinder（国外的一款手机交友应用程序）、Twitch（实时视频流媒体平台）等数字初创企业大获成功的原因之一。这些公司的成功还受一个共同因素的影响——数据。它们拥有强大的获取数据的能力，甚至能捕捉每一个细节，再利用数据产生见解、提出建议、创造机遇，从而牢牢抓紧用户。

如果你需要和用户打交道，或者要招揽新用户，那就离不开数据。数据是公司深入了解用户的动力，能够提升产品质量、优化客户体验、完善业务流程、预测市场发展的方向。

本书是关于数据的。虽然有些数据很难被发现，也很难被抓取，但是也有更多的数据隐藏在显而易见的地方。从当前对数据的应用来看，不应该只有互联网大咖才能发现和驾驭数据这一"黑魔法"。是时候为数据祛魅，揭开数据应用的真相了。

我们既不是商学院的教授也不是专家，我们是一群耗费几十年时间深入研究数据的实践者。最近几年，我们成立了一家名为"Krux"的公司，它是一个数据管理平台（Data Management Platform，简称 DMP），现在是 Salesforce 旗下的公司。如今，像阿迪达斯、欧莱雅和彭博社这样的公司都在应用 Salesforce 的数据管理平台，推动营销、商业和广告业务的发展。

以当下的视角回顾过去 20 年的发展历程，说"结果理应如此"这样的话似乎有些老套。评论界提醒我们，数据被视作"新石油"，能够对其进行开采、清洗、分析、运输的公司对每个行业的发展都至关重要。

我们在通往数据觉醒的道路上提出了很多核心理念，但一开始这些理念并不为人所接受，尤其是 2010 年我们在公开市场上对这些理念进行验证之时。有些理念在当时看起来有点"跑偏"，还有些理念至今尚未得到验证。但是这些理念曾在艰难岁月中为我们赋能，支撑我们度过了那段时期。总的来说，大多数理念都得到了验证。计算机前沿科学家艾伦·凯曾说过："理解了上下文，就能在智商测试中拿到 80 分。"我们践行艾伦·凯的格言，先为本书研究的问题铺垫了一些背景，然后再快速推进。

在过去这 20 年中，我们发现自己身处用户数据革命的中心，这可能是因为我们是训练有素的专业数据极客，但更依赖于幸运女神的眷顾。我们专注于探索三个决定了 Krux 发展轨迹的核心假设：假设一，通过细分受众可以获得 10 倍的价值增长；假设二，随着运算能力的提升和数据储存成本的下降，实现 1 000 倍的效益增长也指日可待；假设三，将用户数据与内容、广告和其他数字交互分离，可以实现对每个用户的全方位实时观察。

Salesforce 数据管理平台和 Krux 的前身是一家名为 Rapt 的公司，该公司成立于 1999 年，2007 年底被微软收购。我是 Rapt 的创始人兼首席执行官（CEO），维为克·韦德亚是首席技术官（CTO）。到 2004 年，Rapt 已经在帮助大型的门户网站——如 MSN（微软旗下的门户网站）和雅虎——优化广告的定价。上万家企业购买了他们在网页上的矩形广告位，针对目标受众进行宣传。根据广告体量大小、投放频道和投放时长的差别，Rapt 用分析引擎确定了雅虎广告产品的最优价格。

我们注意到雅虎金融垂直领域的一小部分销售人员并未采用 Rapt 的分析引擎生成的广告价格。同样的广告，他们的同事以每千次 6 美元的价格出售（广告收费标准，每播放 1 000 次就收取 6 美元），而这部分销售人员的要价比分析引擎生成的价格高了近 10 倍。即便如此，这个价格仍对买家具有吸引力。这一事实在当时不太能让人接受，因为项目的成功与否大部分取决于销售组织内部的价格规则，以及对算法能够制定出正确价格的信任。这群销售人员的所作所为并不是有待调整的部署，而是一场需要平息的叛乱。

我们进一步研究了这个问题，询问他们是如何把推荐定价为 6 美元的金融广告以 55 美元的价格卖给富达投资集团和先锋领航集团这样有广告需求的金融企业的。经过一番探讨之后，他们终于承认，他们并没有把产品作为广告去销售，而是把它包装成一个与特定细分受众互动的机会，这个细分受众群体是年收入超过 25 万美元、住在美国东海岸的康涅狄格州、管理着价值超过 2 500 万美元投资组合的金融高管。

彼时，雅虎广告针对目标用户的投放精度还达不到这群销售人员所能达到的精度，而有野心的销售人员又常常自作主张，但这也开发出了一种更宏大的项目，这种项目假以时日必能成功。

细分是营销学院的教授都在宣扬的概念，MBA（工商管理硕士）学员也都学过。但我们这一次面对的是细分概念在"象牙塔"之外起作用的真实案例。你要出售的不是屏幕上的一个矩形框，而是一个与掌管巨额投资组合的金融高管互动的机会。所以我们当时的任务就变成了把雅虎这一小部分销售人员的销售行为标准化，将随性的销售技巧转化为日常运营的必备操作。通过这一观察，我们提出了如下假设。

假设一：通过细分受众可以获得 10 倍的价值增长，这一理念深入人心。

那段时间，我们也在帮微软旗下门户网站 MSN 做类似的技术部署。我们当时以为，只要能把每一个 MSN 用户的每一次互动（包括每一次点击，每一次页面访问）都存储起来，就能把匿名的信息数据投放到定价算法中，而这必将是一个很强大的功能。微软是当时全世界最有钱、最有实力的公司之一，我们想知道微软的管理层是否愿意为此类数据买单。我们做了大量运算，估算出每天的运行成本大约是 85 万美元，也就是每年约 3.1 亿美元。

微软固然很有钱，但这一运行成本也太高了。于是我们放弃了这个想法，继续前行。这是我们的第二个重要时刻，同时也引出了第二个假设。

假设二：随着运算能力的提升，我们是否有可能把微软这项业务的成本降下来？

第三个假设出现在一场微软与一家营销公司召开的会议中。有一家著名的大型营销公司和微软谈判，要以高价向微软的 Hotmail（微软提供的免费电子邮件服务）购买大量广告。之前这家公司提出愿意根据用户的年龄和性别等细分目标，以每千次 2.5 美元（每被 1 000 人次看到就支付 2.5 美元）的价格购买广告。当时我们还在帮微软做技术部署，某一天，这家公司忽然找到我们，声称对每千次 2.5 美元的广告没了兴趣，而要购买没有经过群体细分的普通广告。这家公司认为普通广告的价值严重缩水，提出了每千次 0.5 美元的广告价格。

我们同意这家公司的观点——普通广告的价值严重缩水。但更令我们头疼的是：这家公司为什么这样做？它是怎么做的？难道它不需要我们将邮件发给目标人群吗？虽然这家公司是我们的用户，但我们会对注册数据保密。

虽然弄不清原因，但我们开始构建一套关于当下数据应用发展的理论，这套理论很快就得到了验证。从数据应用的角度看，通过 cookie（一段段数据代码，指某些网站为了辨别用户身份、跟踪、储存在用户本地终端上的数据）可以得到屏幕之外的用户行为数据。这些数据可以告诉我们：用户是否已经选择网购而不是去实体超市购物，用户是否点击了某一类内容，甚至这些用户是否真实存在。从 1996 年起的大约 10 年中，推动互联网爆炸式增长的广告业务一直与存储在 cookie 中的数据紧密相连。

购买广告的公司主管在 2005 年开始意识到，互联网的架构决定了公司无须依赖用户 cookie，就可以建立自己的数据库。在这种情况下，cookie 里存储的信息数据，可以与广告或屏幕上的任何其他内容完全分离。因其自身的特性，公司能够自己捕获、分析和挖掘信息。逐渐明朗的是，与微软谈判的那家公司就是利用 cookie，悄悄建立起了目标用户群体的数据库。这样，这家公司就不需要我们提供目标人群的数据，而只需要阅读自己的 cookie 就可以获得相关信息。我们的计算机代码设置了这些 cookie，让这家公司可以悄悄使用 Hotmail 出品的广告，下文会讲述具体情况。

假设三：如果解放了数据，允许将用户数据应用于不同的消费场景，就能释放出新的市场能量。这里所指的数据不仅来自广告，还来自不同设备，包括笔记本电脑、手机、平板电脑、面包机、冰箱、汽车，以及未来会被发明出来的其他产品。

如今，Salesforce 数据管理平台为很多客户提供数据服务，业务规模是 2015 年 MSN 业务的 100 倍以上，成本却不足其 1/10。这说明，仅在 10 年间，数据管理平台就实现了 1 000 倍成本效益的突破。乔治亚—太平洋、阿迪达斯、特纳广播、家乐氏等各行各业的公司都在用数据管理平台的用户细分功能，根据用户需求，提升他们的体验。这些公司建立了专门的数据中心，雇用分析员挖掘数据，取得更多的行业观察和建议，制定更智能的用户参与策略。它们重新设计面向用户的业务，以充分利用预测分析和人工智能技术——而这一切都是由数据驱动的。

华纳兄弟在推出一部新的动作片时，往往先对大量的历史数据进行筛查，在每一个屏幕和频道中寻找与华纳兄弟动作片相关的用户数据。利用用户数据找到老粉丝，同时吸引新粉丝，最后把粉丝都吸引到电影院。

20 世纪 40 年代，罗伯特·奥本海默在新墨西哥州的高原沙漠里开展曼哈顿计划。他意识到，原子释放出的能量可以作为燃料，但也可以摧毁整座城市。如今的数据也展现出了类似的矛盾。所有人都收到过针对个人需求的广告或信息，这个现象令人不禁开始思考："这有点太个性化了，甚至已经让人感到毛骨悚然了。"数据可以让社会变得更加开放和自由，但也可以制造恐慌、挑起矛盾来颠覆社会。数据可以为用户赋能，让他们在与企业互动的过程中拥有更大的控制权，也可以让用户上瘾，彻底离不开数据。

Krux 在 2010 年生产了第一款产品，名叫"数据卫士"，数据卫士能帮助目标网站检测出是谁窃取了用户的数据。我们当时就和现在一样，认为信任和隐私是每一项数据驱动业务的前提。我们为 Salesforce 一直以来对安全性和用户信任做出的承诺感到自豪。当前的环境要求每一家公司都成为负责任的用户数据管家，这也令我们备受鼓舞。没有信任，每一项由数据驱动的工作都会崩溃，这也是我们要特别关注安全性、信任和隐私对未来数据驱动营销的重要性的原因。

在 Krux，我们从每天努力工作的人那里学到了很多东西，他们倾注精力和激情，一起创造伟大的事物。我们还从上千名杰出的用户那里学到了很多，他们总是设置挑战，让我们将一件好的产品升级为伟大的产品，再将伟大的产品做得超乎想象的伟大。我们从辛劳与汗水、失败与成功、经验与教训中提取精华，本书凝聚了这些精华。

对于 Krux，我们的志向始终不仅限于经营一家科技公司。对于团队中的许多人而言，Krux 既是一种理念又是一种理想。激励我们的是超越了产品、客户和营收的共同价值观。我们很荣幸建立了一支成员既勤奋又聪明的团队，他们坚信运用好数据能够给我们的用户带来惊喜，也乐于解决由这些数据引发的谜题。希望我们的故事能引导你考虑用不同的方法解决自己的问题。谢谢你和我们共同开启这场旅程。

汤姆·查韦斯

序言

现代营销新常态：如何更好地
获取用户数据

　　2015 年初，我们与单杯咖啡机制造商美国科瑞格绿山公司（以下简称科瑞格公司）召开了一次会议，这家公司长期以来一直是家庭冲泡领域的创新者。当时科瑞格公司刚刚推出了它们广受欢迎的咖啡机的最新款，同时也在推出名为"Kold"的新款苏打水机。和其他日用消费品公司一样，科瑞格公司的消费者的品味越来越难判断。但科瑞格公司一直努力创新，致力于与最佳用户建立更紧密的联系，同时也在努力寻找新用户。

　　开会时，科瑞格公司的首席数据官迈克·坎宁安向我们提出了一个问题，这个问题完美地归纳了现代营销人员面临的一种新常态。"我想在我们的机器中放一枚数据收集芯片，但只能花费差不多 5 美元。"他说，"我们每年生产数千万台咖啡机，因此我们的首席财务官希望了解这个想法相对于成本的价值。你们能告诉我吗？"

　　科瑞格公司希望咖啡机具备分析功能，让用户能够了解咖啡机自身的工作状态如何。比如煮咖啡的时间合适吗？在一定的海拔高度下，水需要加热更长的时间才能达到理想的温度，科瑞格公司要确保每杯咖啡都能冲泡完美。每台机器每月能制作多少杯咖啡？作为零售领域[①]领先的咖啡胶囊经销商，科瑞格公司从销售咖啡胶囊的生意中获得的利润要高于销售咖啡机。如果一个每月要喝200杯咖啡的家庭用坏了一台咖啡机，那么公司可以考虑为他们提供一台免费的咖啡机，或是一款打折的咖啡机。

迈克·坎宁安的技术愿景建立在这样的理论之上：有了更多的数据和访问数据的途径，科瑞格公司就可以更加了解购买公司产品的消费者，并为他们提供更好的体验。尽管如此，这一愿景的最终目的还是以尊重消费者的隐私和选择的信任关系为前提，让公司取得更好的业绩、更高的销售额，以及获取更多的数据。其他一切都是次要的。

科瑞格是世界上最大的咖啡机零售商之一，是互联网零售商百强之一，但无法知道消费者在用咖啡机煮哪种咖啡。虽然咖啡机可以扫描出放进机器的科瑞格专营咖啡胶囊，但不能识别其他厂商生产的咖啡胶囊。也许将一台光学扫描仪放在机器盖上可以扫描出正在制作的不同产品：早晨是一杯福杰斯咖啡，下午是一杯星巴克咖啡，晚上是一杯舒缓的川宁甘菊茶。这样公司就可以更直观地了解到哪些竞争对手的饮品卖得好，从而更深入地了解消费者对家庭冲泡产品的偏好。

迈克·坎宁安的尝试并没有就此结束。谁在煮咖啡？咖啡机能否读取用户的移动设备信息，找出是谁在使用咖啡机，他们在煮什么东西？一个典型的科瑞格用户家庭有多少口人？调查数据有很大作用，但已知的数据很零散且不完整，通常只指向小部分用户家庭。是否可以通过移动设备将用户与其他数据源联系起来，帮助科瑞格了解用户的家庭收入？是否可以在咖啡机上设置位置信息，来发现哪些地区的

[①] http://www.forbes.com/sites/greatspeculations/2016/07/19/k-cups-the-new-growth-driver-for-starbucks/#55470dff1d3d.

零售商的咖啡胶囊卖得好？

后来，迈克·坎宁安又有了新的想法——为咖啡机配一块小的液晶显示屏。每天早上，科瑞格公司将为数千万名用户提供服务，科瑞格的咖啡机 30 秒就能煮好用户需要的咖啡。[①] 液晶屏也许可以为用户提供购买新品牌咖啡的建议，在咖啡存量较低时提醒用户购买咖啡，又或者播放咖啡广告，以换取一杯免费的咖啡。既然这个世界连冰箱都能联网，那么这也不是个过分超前的想法。科瑞格公司一直在观察像三星这样的家电制造商，后者和许多同行一样，为了更接近用户，投身物联网技术。

迈克·坎宁安是一位精明的首席数据官，他提出的问题也都很精准。数据会如何改变科瑞格公司，使其能够拉近与消费者之间的距离，提供更舒适、更符合用户咖啡饮用需求的体验，并为所属团队提供意见来应对大量快速发展变化的竞争对手呢？科瑞格公司不仅与咖啡机制造商竞争，还在与星巴克、麦当劳等其他公司合作的同时抢占用户市场，希望用户每天的第一杯和最后一杯咖啡都是由自己提供的。所有饮料公司的中心任务都是其产品每天能多次被用户选中。科瑞格公司与零售伙伴的关系比大多数公司更加灵活，即便如此，它仍然无法很好地了解所有零售端用户的情况。

换句话说，科瑞格公司与用户的距离还不够近。如果科瑞格咖啡胶囊在科瑞格公司网站上出售，或者在与公司共享数据的零售合作伙伴那里出售，那它就可以掌握用户的数据信息。但是怎么才能了解在其他零售端销售出去的上千万的其他品牌咖啡呢？一旦科瑞格公司向

---

① https://www.statista.com/statistics/326523/keurig-green-mountain-amount-of-brewers-sold-worldwide/.

本地零售店或酒店出售了几箱咖啡胶囊，它就无法获取用户体验的信息了。当然，公司能够知道卖了多少咖啡，但是它无法了解那些用户同时还购买了哪些商品，他们在超市花了多少钱，科瑞格的产品在全部竞品中所占的份额是多少；酒店客人是否起床后就会喝一杯科瑞格咖啡，还是说要等到唐恩都乐甜甜圈送来后才喝第一杯咖啡；在酒店消费科瑞格咖啡的是什么样的群体，他们的收入如何、住在哪里、使用哪些网站和应用程序、喜欢哪些名人、在看什么电视节目，等等。

迈克·坎宁安有很强的开拓型思维，他想到了科瑞格该如何从咖啡机一端更好地获取用户的数据。首先，与任何一家公司相比，科瑞格更了解也更理解家庭咖啡消费者：这些消费者爱喝哪一类咖啡，何时喝咖啡以及喝什么品牌的咖啡。科瑞格公司的品牌商可以持续访问这些数据，以便更深入地了解用户需求。更重要的是，科瑞格公司将拥有更多的产品销售数据，尤其是消费者直接通过咖啡机购买咖啡的数据，或者在咖啡存量降低时咖啡机自动为消费者购买的数据。更多的数据对于迈克·坎宁安来说很重要，因为他的首要原则就是保证用户拥有更好的体验。

从根本上来说，科瑞格公司最终可以通过物联网策略加速数据处理，与用户保持持续的、真正的联系。

几年前，我们不断发展 Krux 的营销团队，并把科瑞格公司这个案例称为"魔法咖啡机"，因为它与我们的很多理念相契合：企业拥有的数据越多，连接的设备和接触点就会越多；个性化设置能提升用户体验；将从不同设备收集到的数据结合到一起，可以实现对每个用户进行全方位的观察。"魔法咖啡机"只是上万个例子中的一个。当前，能够与互联网连接的设备层出不穷，这些设备也渐渐把人们包围住：手机、平板电脑、台式电脑、电视、游戏设备、温度计、冰箱、汽车，以及许多未来会被发明出来的小工具。由于这种超便携、无处不在的连接性，公司可以用来与用户互动的接触点数量呈现爆发式增长的态势。

越来越多的接触点和不断增长的人口数量让用户这个群体变得更加重要：与屏幕内容相比，谁在看屏幕更重要、更有价值。每家公司，无论它在合作伙伴、分销商和用户的价值网络中处于什么位置，都在试图拉近与屏幕观众的距离。就像科瑞格的案例，在制作咖啡的过程中也要实现这一目标。经过数年设想，营销人员开始制定数据驱动战略，在合适的时间和地点向合适的用户提供合适的体验。

许多互联网公司很早就意识到了这一挑战，并迅速采取行动应对。这其中就有谷歌、脸书和苹果等人们非常熟悉的公司，以及网飞和领英等专业公司。在以用户为中心投送内容的精确度方面，亚马逊有着卓越的表现，每一次点击、每一次网页浏览，都能让亚马逊与用户建立起联系。我们觉得亚马逊了解我们，事实也确实如此。亚马逊凭借自己对用户的了解，进行交叉销售和追加销售，鼓励用户在网站上多花钱，当用户需要新工具、原材料或其他个人用品时，首先想到的也是亚马逊。当隐私和数据安全问题日益凸显时，我们仍然相信亚马逊能够保护用户的隐私。用户每次访问亚马逊，都留下了更多的个人兴趣和需求线索，同时也表达了对亚马逊的信任。反过来，这又帮助亚马逊建立了庞大的用户信息引擎，从而在用户下一次访问时提供更智能、更个性化的体验。

本书的目的是帮助读者学会如何获取和运用数据。在接下来的章节中，我们将从实用性的角度出发，帮助读者理解以用户为核心的营销理念所面临的挑战，分享领先企业在面对挑战时采用的最佳策略，并提出简洁的概念和原则，希望能够对读者的公司发展或者个人的职业生涯有所帮助。我们将详细讲解乔治亚—太平洋公司、华纳兄弟娱乐公司和特纳广播公司等为重塑其与用户之间的关系而实施的数据策略。我们还将讨论喜力啤酒如何利用数据了解用户，分析每年可以卖给足球迷多少啤酒；家乐氏公司在不必紧盯特定用户群体的情况下，如何利用数据每年节省上千万美元；利洁时公司如何知晓人们打喷嚏的时间，以卖出更多的化痰片。通过本书提到的许多突破性技术和工具，数十个行业的开拓者已经掌握了精湛的数据驱动型营销技巧。这使我们充满信心，相信你也可以做到。

目　录

第五章　组织管理层面如何推动数据驱动营销

第六章　数据驱动型营销竞争的新基础：具名、
　　　　个性化及用户参与

用户数据的出现和运营

计算机处理数据已经有 60 多年的历史了。数据处理的理念和实践也并不是新鲜事物了，那么用户数据到底有什么不同？我们将这本书命名为《数据驱动》，到底要讲些什么呢？

20 世纪 80 年代，企业资源计划系统获取了关于企业的账单、预订、积压和发货的数据。[1] 客户关系管理系统获取了企业用户的数据，即用户需求、状态和活动情况。[2] 21 世纪初期，雅虎和 MSN 等互联网门户网站就开始根据用户的兴趣为其提供特定的新闻和信息。[3] 在过去的 10 年中，这种变化逐渐发展成为一种更广泛且更成熟的技术，提供了更多用户感兴趣的广告，更有效地促成了商业贸易，推送了更多个性化的内容。票务大师和 Live Nation（一家演唱会经营公司）使用这一技术来寻找贾斯汀·比伯演唱会门票

---

[1]　https://www.linkedin.com/pulse/20140709124154-47162071-the-evolution-of-erp-systems.

[2]　https://www.crmswitch.com/crm-industry/crm-industry-history/.

[3]　https://consumerist.com/2015/03/20/where-did-everyone-from-the-90s-go-when-we-all-got-facebook-and-quit-web-1-0/.

的购买者。① 喜力啤酒也在用这种技术招揽新用户。当公司谈到数据时，它们希望得到的更多的是关于人的信息：这些用户是谁，他们有何种需求和期望。

在我们生活的世界中，个体间的联系日益紧密，社交媒体平台推特、《纽约时报》以及 Fandango（美国的一个票务平台）的手机应用程序，都给用户带来了不同的数字体验，也在各大平台、公司与用户之间构建了频繁互动的机制。这种新常态与从前的区别在于交互的双向性。以前，我们只能坐在客厅里观看电视节目，而现在，我们可以随时随地在各个视频平台上观看节目，并且能够参与互动。人们很少注意到，自己在屏幕和内容之间来回切换时，数据在后台悄悄地流动。当用户使用手机、台式电脑等设备时，后台会通过访问次数、手势、停留时间、点赞量、搜索内容等形成用户的个人数据，所有这些数据都能激发出相关性更强、更有价值的用户体验。

人们与数字世界互动时留下了"用户数据"这种独特的数字签名，几乎渗透进我们日常生活的每个角落。② 它们停留在一张看不见的网中，虽然没有声音，却一直在记录着人们的活动。如果用合适的方式收集和组织这些数据，就能释放出强有力的信号：我们是谁，我们的好恶是什么，我们有哪些个人理想。获取并系统地运用这些数据，将成为未来商业竞争的新基础，也将决定未来几年内哪些人或者企业能够取得成功。

在研究接下来的内容之前，我们首先需要对这种不可见的数据

---

① http://www.krux.com/customer-success/case-studies/ ticketmaster-video/.

② https://www.slideshare.net/KruxDigital/people-data-activation-from-paradox-to-paradigm-tomchavez-data-matters-2015-lasvegas.

结构有更深入的了解。这些用户数据从何而来？这些数据是如何产生的？谁在获取并使用这些数据？

这一切都始于互联网广告。

互联网广告简史

在互联网广告早期时代，为了让更多的消费者购买耐克的产品，耐克公司负责在媒体渠道上购买广告的员工会给雅虎、MSN或者美国在线的销售人员打电话，购买网站体育版的横幅广告。在网站上购买广告和在电视及广播上购买广告的操作一样，都是"插入订单"（这是媒体行业中购买订单的叫法），人工协商订单的价格和数量。雅虎网站将体育版横幅广告投放给众多的访问者，并提供关于广告效果和投放速度的报告。大多数网站——无论是像iVillage（美国女性门户网站）这样的独立网站，还是主要门户网站——都是基于用户组成和渗透率来确定推广对象的：在面向"妈妈"这一角色的网站上可以找到很多妈妈，在汽车网站上可以找到汽车维修工人，在新闻网站上可以找到商人，等等。与在电视上投放广告一样，营销人员可以通过研究雅虎、美国在线和MSN提供的广告投放报告，精准了解它们的运营方式。刚开始，他们可以看到广告的曝光次数和点击量，一段时间以后，报告的内容会更加充实，能够为营销人员提供更多的信息，例如位置和播放时段。

20世纪90年代中后期是数字广告商的高光时刻。早期的浏览器，如网景、马赛克和微软，通过独特的设计展示了互联网的开放性与活力。浏览器能通过整合数据信息，即时提供一个让人眼花缭乱的页面。当你再次点击时，这一页面上的信息又换成了新的令你感兴趣的内容，这一过程将不断地重复。即便是对数字技术持怀疑态度的用户，最终也会意识到数字时代将带来无限的可能性。虽然每个人都有自己喜欢的浏览器，但 IE 浏览器（Internet Explorer，是微软公司推出的一款网页浏览器）有一个很酷的功能，页面的左下角有一个快速移动的序列，这个移动的序列代表浏览器正在不断地调用外部资源，以满足用户的需要。尽管用户注意不到这一现象，但是浏览器的后台正在开展如交响乐般复杂的活动。当用户用设备访问某一网页时，它能接收内容，并即时组织数据，根据用户需求推送信息。

谁在看屏幕的数据信息是通过被称为"cookie"的代码捕获的，这些代码是马克·安德森及其团队在 1993 年开发马赛克浏览器时发明的。[1]Cookie 是一种网站用来存储浏览器用户少量信息的工具，最初的目的是帮助浏览器记住用户在网上购物时放入购物车的东西。通过使用 cookie 以及在浏览器中设置和引用 cookie 的代码（也可称为"像素"、"标签"或"信标"），网站获得了在互联网上识别和跟踪特定用户的能力。重要的是，网站无法识别用户的身份，用户在它们的系统中仅仅被表示为一堆乱码，例如 cookie-ID（身份识别号）FGc397e4k，类似于注册新手机或电视时会产生的一组令人费解的序列号。

当用户在浏览器上浏览信息的时候，cookie 会记录下这一活动，并且 cookie 中记录的内容已完全脱离浏览器页面上显示的内容。在21 世纪初，许多外部程序开始收集大量的用户 cookie，例如用户上次访问网站的网址，并且利用此信息进行最低限度的前后联系的细

---

① https://en.wikipedia.org/wiki/Mosaic_(web_browser).

分。访问 http//www.univision.com 的用户会被识别为西班牙语使用者，访问 http://www.wsj.com 的用户会被识别为商业新闻阅读者，而访问 http://www.espn.com 的用户则会被识别为体育爱好者。网站的这种分层组织以一种自然的方式进一步识别用户的个人形象。例如，访问 http://www.espn.com/NBA/ 的用户，系统不仅可以将其识别为体育迷，还可以进行进一步细分，将这一类用户定位为篮球迷，而访问 http://www.espn.com/NFL/ 的用户则可以被标记为足球迷。

随着越来越多的人认识到数据可以从媒体（广告等都是媒体）中被分离出来，一个"新物种"——广告系统——出现在人们的视野中。AdMagnet（磁力广告）、AdForm（广告平台）、AdBrite（光明广告）和 Blue Lithium（蓝锂）这些独立广告系统，充分利用用户数据与内容及媒体的脱离，构建起快速增长的广告业务，使营销人员能够接触到无数的细分市场。这些广告系统通过捆绑广告资源进行打包销售，扩大广告客户的营销范围。广告系统所具备的超高精度投放的特性（至少有这一发展潜力），已成为广告业中介快速增长的标志。

营销人员很喜欢广告系统。他们开始提出越来越奇怪，越来越具有强制性的提案，例如，在阿尔伯克基找 25 万名有意购买烘焙用的奶油芝士，而不是买百吉饼的妈妈。营销人员第一次得以从媒体数据中提取出目标人群。潜在汽车消费者既可以从汽车网站中被找到，也可以在上万个娱乐和新闻网站上被找到。汽车制造商喜欢以低价格从娱乐和新闻网站购买潜在汽车消费者的数据，这样就不必在专业的汽车网站上支付较高的价格进行购买。这样一来，娱乐和新闻网站就有了新的收入来源，它们在自己的网络中挖掘各种细分用户数据，再由销售人员想方设法将其卖给相应的机构。

广告系统的业务模型建立在套利的基础上。广告系统商以每千次 2 美元的价格从媒体购买普通、未被靶定的用户，这类用户的流量激增，远大于媒体自己的销售团队可以从中获利的规模；使用 cookie 和前后联系的细分，把这些用户包装成更有价值的受众群体；向另一方交付价值 20 美元的潜在"旅行消费者"数据。上千个新广告系统如雨后春笋般涌现出来，媒体的站点上部署了上百万个像素和标签，来跟踪全球的网络用户。

由此，一项创新很快就诞生了，广告客户不仅可以脱离媒体直接购买受众的数据，而且能够在类似于股票交易的系统中进行实时购买。实时竞标（也称为"程序化媒体"，即通过技术手段进行广告交易与管理）让广告客户根据受众的意向分别评估每个广告的展示效果。广告客户利用这些广告系统根据支付意愿锁定用户，而无须以固定价格购买上千万次的广告展示量。汽车营销人员会为看起来像潜在汽车购买者的用户群体，和竞争对手的营销人员争夺一番，有时甚至要以最高报价 8 美元来购得这些数据。但通常他们总有办法用更少的钱"赢得"用户。实时竞标这一创新引发了程序化营销，机器记录数百亿互联网用户的体验经历，根据提前分好的用户类别，在用户访问网站或手机应用程序时推送相应的广告。

程序化媒体拿走了传统媒体很多权力，直接放到营销商的交易平台上，营销人员受过训练，可以使用算法进行分类广告交易，并以尽可能低的成本找到合适的用户。通过将广告系统转化为全自动、机器驱动的实时流程，程序化媒体还彻底消灭了广告系统的核心价值——策划和包装来自媒体的广告资源。在交易平台问世之前，营销商依靠广告系统进行程序化购买。营销商变得更聪明了，他们意识到要利用自身庞大的购买力，在这种新环境下通过技术和团队来购买媒体广告。营销商交易平台不再是媒体或广告系统用来套利的地方，而变成了低买高卖的中介。不久，每个营销商都建立了自己的专有交易平台，开始有了价值上亿美元的数字广告流量。

营销人员面临的发展形势有些复杂。更多的性能数据流动了起来，媒体价格似乎也在下降。这是因为他们采用一些技术手段处理了上网用户的数据，就像市场中按档次出售的猪腩肉，但是他们期望的成本效益并未出现。营销商发现，向存在于营销商和媒体之间的中介支付的大笔技术费用几乎没起到作用。

过去 20 年，消费者争夺战的特点是这些流水般的参与者争夺控制权和规模。起初是传统媒体与用户建立了关系，小心翼翼地控制着外部资源和与用户群体的接触。但随着涌入互联网的用户越来越多，传统媒体的销售人员就不够用了。广告系统通过打包传统媒体无法销售的广告资源，拥有了在短时间内广泛接触用户群体的权力。然后出现了交易平台，通过程序化渠道让营销商实时接触用户。最终的结果是，传统媒体和营销商离用户越来越远，并且在与用户建立联系方面越来越依赖技术中介。除了谷歌和脸书这样体量的大媒体——它们更侧重技术驱动而不是内容驱动——大多数媒体都在努力挣扎，因为广告收入份额不断下降，而创新成本飞涨。

面对数字媒体在 1995—2015 年的发展，大多数营销人员采取了观望态度，只依靠营销商购买新的互联网广告，以及传统的电视、印刷品和广播电台广告。但也有一些营销先驱很早就融入了新角色，他们敢于冒险，从未停止学习。对于华纳兄弟娱乐公司（以下简称华纳兄弟）而言，互联网广告从来都不是最终状态，而是多年全方位努力过程中的一个中间状态，是重塑公司与消费者互动的渠道。对于现代营销人员而言，华纳兄弟的经验是数字媒体发展史的重要佐证。

案例：华纳兄弟借力数字媒体和数据，
重新定义消费者关系

华纳兄弟娱乐公司成立于 1923 年，是好莱坞最成功、最具传奇色彩的电影制片公司之一。[1] 几十年来，华纳兄弟一直致力于构思、制作动作电影，如《神奇女侠》《弱点》以及《乐高大电影》这种家庭娱乐电影。[2] 华纳兄弟的业务流程一直稳定不变：制作电影、在广告牌和电视上营销、在像 AMC（美国电影院线）这样的院线连锁发行电影、[3] 通过门票销售获取收入，循环往复。然而始于 1999 年的变革颠覆了华纳兄弟沿用近 60 年的业务流程。

消费者使用雅虎和 MSN 等新门户网站，阅读其他消费者发表的评论、帖子和正在热议的新电影信息，使力量平衡发生了变化。突然间，成千上万的网络消费者大胆地完成了席斯科和埃伯特（两位都是影评人）的工作，在聊天网站和其他在线电影论坛上发表自己的想法和观影评论。基于人们对与新电影发行相关信息的浏览量和发帖次数，雅虎越来越能准确地预测票房。华纳兄弟和它的同行迅速扩大了传统的电视、杂志和广告牌的营销组合，开始在门户网站上购买广告位。尽管这一操作很有用，但对华纳兄弟的高管来说，这就像是把现有的线下营销方法嫁接到了在线渠道上。华纳兄弟从门户网站收集到广告观看群体的报告后，才开始理解在线营销能够精准定位并了解用户想法，这些功能是纸媒、广告牌和电视都无法实现的。

"每次我们发行新动作电影，院线的营销团队执行的营销策略都很

---

① https://www.warnerbros.com/studio/about-studio/company-history.

② https://en.wikipedia.org/wiki/List_of_Warner_Bros._films.

③ http://entertainment.howstuffworks.com/movie-distribution1.htm.

出色、很有创意，但他们用的营销战术手册却不直观，不能帮助他们了解哪些顾客爱看动作电影，哪些顾客只对浪漫喜剧感兴趣。"华纳兄弟的数字产品平台和策略执行副总裁贾斯汀·赫兹说道："我们以前没那么做不是因为懒，而是因为我们没办法观察，或者说没办法和购票观影的观众直接互动。分销商过去一直夹在我们和终端消费者中间。但是网络彻底改变了这种状态。"

通过实际的票务交付和购买信息，华纳兄弟提出了一种可验证的假设，能证明哪些人更愿意观看动作片。华纳兄弟第一次看到了浏览、点击公司相关内容的用户年龄、地理位置和性别，对于公司的营销部门来说这不啻一场结构性的大调整。华纳兄弟认识到了这一点，于是出乎众人意料地在 2011 年买下了网络媒体公司 Flixster（美国一家电影交流平台网站）。[①] 这并不是因为华纳兄弟也要加入网络媒体大战，而是因为它看到了 Flixster 平台数据的价值，包括消费者喜欢什么电影，讨厌什么电影，以及最重要的数据——喜欢或讨厌的原因。

随着新在线渠道和接触点的产生，在保护消费者隐私的同时，华纳兄弟也通过投资 Flixster 和稳妥地利用关于用户数据的新基础设施积累了经验，公司与观影人群之间形成了一种新的亲密关系。"过去 10 年，我们从更细节的方面去了解消费者，这使我们能够应对消费者在媒体和内容消费方面的巨大转变。"贾斯汀·赫兹说。

Flixster 的数据为华纳兄弟的营销活动提供了全新的视角。Flixster 的数据直接为华纳兄弟提供了各种实时用户信息，包括人们观看电影的类型、观看地点以及观看数量。作为时代华纳的子公司，华纳兄弟

[①] https://techcrunch.com/2011/05/04/warner-bros-acquires-social-movie-site-flixster-and-rotten-tomatoes/.

还可以与 HBO 等姊妹公司合作，在两家公司的粉丝群中寻找观众。在没有采取用户数据的营销策略之前，不假思索地向 HBO 的拳击迷营销电影《奎迪》是不可能的。

如今，在组织内部稳妥地共享数据已成为现实。这一做法也很有必要，一家公司如果无法利用跨组织数据的协同效应，将很容易受到市场变动的影响。[①] 本书第五章将分享实现跨功能数据策略的具体工具。

眼前的威胁：用户隐私和安全

数字体验催生了数据。数据则催生出更多宝贵的体验。像华纳兄弟这样富有洞察力的公司正在利用这一良性循环，提高收入，加深与客户的关系。

数据作为一种资产，具有独特而有竞争力的品质。首先，它符合信息经济学的一个重要条件——边际成本为零，这意味着它一经诞生，就可以被使用上千万次而不会磨损。数据不会抱怨，也几乎不生病。与广告不同，它不会消耗屏幕或广告牌上宝贵的空间资源。它的交付成本和机会成本几乎为零。随着亚马逊、微软和谷歌等公司的大数据基础设施投入使用，数据获取和处理的单位成本也以惊人的速度逐年下降。

用户数据的低廉成本、海量数目以及强耐用性，听起来真是好到令人难以置信。但与所有突破一样，也极有可能发生潜在危险。数据的庞大风险集中在隐私、安全和信任方面。

---

① http://www.ey.com/Publication/vwLUAssets/EY-top-10-drivers-impacting-global-wealth-and-asset-management/$FILE/EY-top-10-drivers-impacting-global-wealth-and-asset-management.pdf.

　　实现用户数据与内容的"伟大解绑",催生了实时竞价系统这样的新工具,也引入了包括广告系统在内的行业新玩家。借助 cookie 和跟踪像素,广告系统和营销商可以识别和跟踪互联网的特定用户,但这种技术也有负面影响。广告系统可以使用相同的跟踪技术,无须网站运营商知晓或授权,就可以直接从后门访问有价值的用户信息,这也导致了 2010 年的一篇文章中所说的"数据泄漏"。[①] 危险已经发生:首先,媒体会投入大量资金来产出内容、吸引用户,其次,终端用户也感到越来越恼火,因为只要他们在自己喜欢的网站上看过一款时尚的鞋子,所有网站就会向他们推送同一款鞋子的广告。

　　以《华尔街日报》为例。当一个广告客户,或者更有可能是它的营销商或广告系统合作方,在 http://www.wsj.com 上投放广告时,可以悄悄地将一个像素放到广告中,并用这一小段代码为用户设置 cookie。如果用户在金融版块中阅读有关固定收益证券的页面,这个用户就会被归为"华尔街日报—固定收益"细分读者。如果广告商或广告系统想再次投放广告给该用户,就会利用已有的 cookie 数据,在其他网站上瞄准用户,但那些网站的广告位要比《华尔街日报》便宜得多。实际上,它使用了《华尔街日报》的用户数据却完全绕过了它,即便《华尔街日报》做了所有繁重的工作,创作了一篇关于市政债券的文章,最先吸引到用户访问它们的网站。在音乐领域,歌曲作者创作的歌曲每次被演奏,他们都能获得版税收入。但如果歌曲创作像 2010 年前后的数字出版一样,那么歌曲作者创作出一首好歌后,只能眼睁睁看着别人在体育场、广播和电视中反复表演,却不能从中获得一分钱的回报。

[①]　http://www.seattletimes.com/business/retail/coffee-pod-trend-has-peaked-in-us/.

媒体试图阻止这种数据泄漏情况的发生，并且禁止向广告系统销售广告，要求广告商只能从媒体直接购买数据。但是潘多拉魔盒已经打开。要处理数据泄露就要让大家重视数据安全：哪些同行通过广告或其他方式将代码发布到网站上？这些同行收集了多少数据，是关于哪一类用户的？现在的形势是短暂现象还是大趋势？ Krux 于2010 年进行的一项研究表明：数据渗透和盗窃情况在垂直领域、细分市场和具体行业很普遍。通过研究排名前50位的媒体，我们发现：

- 31％的数据收集由媒体以外的机构发起，这表明媒体在管理自己站点的数据收集时，控制权很小。

- 55％的数据收集者会使用标准技术方法来引入至少一个数据收集者。数据窃取者并不是单打独斗，而是成群结队地出现的。

- 28％的数据收集活动都围绕着诸如广告系统、需求方平台和实时交易（广告系统新变体），这也反映了刚成立没几年的公司在数据收集业务方面的可观增长。

- 我们在研究中观察到，167家外部公司从这50家媒体那里收集了数据，可见在提供用户数据方面，中间商紧追媒体。

随着中间商持续提供数据可用的数字体验，用户的隐私安全和信任度开始遭到冲击。自 2012 年起，政策和市场情绪出现了明显变化，许多人开始质疑用于改善用户体验的数据的具体来源。聪明的营销商和媒体开始认真思考该如何引导隐私机制不断进化发展。"对用户数据进行负责任的管理是有战略必要的,"家乐氏数字营销负责人乔恩·苏亚雷斯·戴维斯表示,"2015 年目标数据泄露造成的惨重损失,唤醒了我们的紧迫感,我们要完善公司政策,加强实践,夯实技术。对数据进行妥善治理由过去偶有关注的议题,变为目前首席执行官和董事会下定决心要完成的任务。"①

便利性与隐私之间的相互作用是数字经济的基础。用户逐渐意识到,要免费或低成本地访问大量内容、服务和应用程序,就必然有广告。但同时,他们也讨厌那种被"老大哥"监视的感觉。这两者之间的矛盾就引起了数字经济中的摩擦。

隐私和个性化之间的关系越来越紧张,每当有一项捕获用户数据的新技术被人关注,二者之间的紧张就加剧了一分。尽管包括美国在内的许多国家和地区的监管机构对用户隐私的管理相对宽松,但欧盟实施了严格的个人数据处理政策,且严厉处罚未能遵守规定的公司。在撰写本书期间欧盟出台的《通用数据保护条例》(GDPR),对于美国企业而言是不容忽视的,因为许多美国企业也在为欧盟公民提供网页端或应用程序端的相关产品。因此,如果不了解该法案的由来和地位,就无法理解用户的信任、安全和隐私的意义。

欧盟《通用数据保护条例》:用户隐私管理范本

在欧盟,会员国地方和欧盟地区监管机构代表用户隐私与企业展开过激烈且旷日持久的拉锯式谈判。2000 年,欧洲和美国的监管

---

① http://money.cnn.com/2015/12/02/news/companies/target-data-breach-settlement.

机构就一项名为"欧盟安全港"的跨大西洋协议进行了谈判，允许企业将数字信息从欧洲转移到美国。这项协议确立了通行准则，确保美国公司在收集欧盟公民的数据并转移到美国做进一步处理的过程中遵守欧盟框架下更为严格的规定。从本质上讲，只要遵守这一协议的规定，大到谷歌、脸书，小到像优步这样曾经的初创公司都可以在欧洲自由经营。

爱德华·斯诺登在 2013 年点燃了火苗，揭露了美国国家安全局大肆搜集全世界政府公共信息和公民私人信息这一事实。此后不久，就开始进行了关于新的《安全港协议》的谈判工作。在新协议的最终谈判中，斯诺登揭露的许多问题成了症结所在。由于美国和欧盟无法再次达成一致，欧洲最高法院于 2016 年 10 月中止了《安全港协议》，并将数据收集的管辖权交还给会员国地方监管机构。[1],[2]

当时人们普遍有一种误解，认为欧盟《安全港协议》的中止意味着正常的商业交易将立即终止。事实并非如此，这反而意味着一个更大的趋势即将到来，即悲观者预计的，为应对未来的政策或监管要求，数字业务在遭遇灭顶之灾后，迎来了一段缓冲期，监管机构和企业会相互妥协达成一致。欧盟做出裁决后不久，大西洋两岸的官方都发表声明，已就新的《安全港协议》达成了"原则性一致"，[3] 而包括美国参议院在内的各方须在 2017 年 2 月 1 日之前批

---

[1] https://www.nytimes.com/2015/10/07/technology/european-union-us-data-collection.html?_r=3.

[2] https://www.wired.com/2015/10/tech-companies-can-blame-snowden-data-privacy-decision/.

[3] http://www.wsj.com/articles/eu-u-s-agree-in-principle-on-data-pact-1445889819.

准该协议。[1]

随后出现了短暂的僵局。企业再度面临复杂的法律协议，它们要在文件中说明在客户公司及欧盟各地开展业务的范畴、形式和原因。通过所谓的"标准条款"或"标准合同条款"，欧盟对企业进行了政策退行期的相关指导。本质上，标准条款是对现有商业协议的补充，这些协议已得到欧盟和地方监管机构的正式批准，并被普遍认可和接受。这些条款对可传输的数据类别及传输目的做出定义，并确认双方都已同意，保证这些数据传输符合所有相关的数据保护要求。

"标准条款"的缺陷是不能在全球范围内适用，无法提供"一次采集全球可用"的统一数据和管理数据的办法，而这恰恰是面向用户的企业所急需的。这些企业需要遵守各国的专属标准，而不是在全欧盟范围内适用的简单准则。欧盟各国采用不同的标准影响巨大，这让个人数据从最基本的定义开始就变得很复杂。例如，德国将单个用户的 IP 地址（互联网分配给个人用于上网的入口代码）视为无法用于跟踪或定位的个人信息，但其他国家不这么认为。这种局面除了带来合规困境，还与"促进企业和用户进行跨境无摩擦贸易"这一欧盟存在的原因背道而驰。

2016 年 4 月欧盟通过一项名为《通用数据保护条例》的决议，该条例于 2018 年 5 月起在整个欧盟境内生效。[2]GDPR 首先规定了被遗忘权，其实质就是用户有权把跟踪他们的系统中的个人信息删除。尽管这项权利得到了广泛认同，但在撰写本书时，仍存在

---

[1]　https://www.wsj.com/articles/eu-u-s-agree-in-principle-on-data-pact-1445889819.

[2]　https://en.wikipedia.org/wiki/General_Data_Protection_Regulation.

许多被工程师称为"边缘条件"的情况，有待进一步说明。例如，"FGc397e4k"这条 cookie 信息仅与你的某台设备相对应，这是否也受 GDPR 管辖？是将你的全部信息遗忘，还是仅把 GDPR 管辖范围内的特定浏览器上的信息遗忘？比如，一名美国公民前往欧盟，通过当地网站预订晚餐，而这个预订网站设置了 cookie，那么这个 cookie 算是欧盟的吗？如果用户要求删除个人信息，该网站应如何识别使用浏览器的是欧盟公民还是美国公民？

极具讽刺意味的是，在某些情况下，要执行被遗忘权所需的技术水平，超越了该条例要治理问题的技术水平。像其他法规一样，GDPR 规定了目的，却没有明确手段，而它的落实和解释权又都在监管机构手中。GDPR 的主要目的是让用户可以控制自己是否可以被跟踪，而这构成了用户完整隐私框架的基础。像 Krux 构建的系统一样，只要框架建得合适，采用者就有信心灵活操作，在实践中将边缘条件梳理清楚。

GDPR 还进一步推出了一项规定（但未明确坚持）：每家企业均应以通俗易懂的语言清楚地披露，要在哪些方面使用用户的个人数据以及具体的使用方式。此外，使用用户数据之前，它们必须获得用户同意。如果用户不同意，企业不能拒绝为用户提供服务。

这项规定给屏幕另一侧的媒体提出了难题，因为这些企业投入了上千万美元为用户生产精彩的内容。我们担心两个方面的问题，一方面是用户是否能明确认可免费访问内容的广告模式；另一方面是用户一旦可以持续免费访问其内容，但仍然不同意企业使用其个人数据，此时免费内容的模式是否还可行。要么由政府介入，补贴内容创作，要么就要达成更有效的协议，以使数字体验服务商能够生存下去并盈利。对于在过去 10 年中收入和市场份额持续下降的媒体而言，GDPR 在这方面的要求尤为棘手。这是大家不知该如何解决的问题。在撰写本书时，欧盟的媒体仍在努力应对 GDPR 的合规要求，而谷歌的媒体业务已经开始限制第三方合作商的规模，这导致很多中小型数字媒体的收入大幅下滑。[①]

GDPR 的最后一个反转是解释权，它规定欧盟公民可以对算法做出的合法或重要的决定提出异议，并申请进行人为干预。GDPR 第 21 和第 22 条引入了一项原则，即用户是不能被代理的，在执行机器决策时要确保用户对其有明确认知。书中后续章节将要介绍的 AI（人工智能）驱动的营销系统，如果给用户提供了不喜欢或使用户觉得具有侮辱性或不相关的答案，则用户有权让发送信息的系统进行自我解释。更确切地说，用户可以要求生成了这些消息的系统的公司解释系统为何这样运行。

简言之，要确认欧盟用户和非欧盟用户在便利性和隐私性方面的界限，还有很多问题需要厘清。我们未来的商业模式和监管框架能否成功，取决于如何应对意外后果和如何消化未来的冲击。毫无疑问，最好的例子莫过于 2018 年发生在脸书平台上的剑桥分析崩溃事件。本杰明·富兰克林曾写道，"痛苦是发人深省的"，这就是我们现在将重点转移到这一事件上的原因。

案例：脸书—剑桥分析数据事件

关于脸书和剑桥分析的大多报道都是耸人听闻的，它们令大众产生了太多误解。大家读到的情况大概率是：有一家名为"剑桥分析"的英国公司，在一个名叫克里斯托夫·怀利的金发碧眼技术怪人的帮

---

① http://adage.com/article/digital/google-gdpr-force-a-hard-choice-publishers/313305/.

助下,"入侵"了脸书,窃取了 5 000 万用户的个人资料。该公司将这些数据武器化,当作心理操控工具让英国公民投票赞成英国脱欧,让美国选民选举唐纳德·特朗普为美国总统。这是自 2014 年底索尼电子邮件系统遭受网络攻击事件发生以来最严重的一起安全漏洞事件。

真相则要乏味得多。

现实是没有黑客,没有侵权。剑桥分析公司并没有利用漏洞或后门程序,而是正大光明地使用了脸书免费提供的功能。令人恐惧的是,多年来全球所有开发人员都可以使用该功能,并且已经使用了无数次。

为了紧跟主题,我们先忽略这个问题,不探讨剑桥分析公司是否真的实施了心理操控以及是否有效,也不讨论这套方法是否操控了英国脱欧或美国大选。我们也不探讨脸书是否应承担责任,就像是"医生在患者体内留了一把剪刀,并被判定应对此负责"。正如马克·扎克伯格在 2018 年 4 月的国会上所确认的那样,脸书对自身所做的决定当然负有责任,这导致了剑桥分析数据事件的发生(并且还可能会出现更多这样的公司)。

为什么会发生这种事情?

2010 年 4 月 21 日,脸书推出了第一个版本的图形 API。API 代表应用程序接口。这是计算机科学家用来让计算机相互通信的工具。本质上,它指定一种算法,通过该算法,信息可以在两个系统之间流动,其中的授权系统可以指示另一个系统执行操作(例如,找到居住在明尼苏达州有大学学历的曲棍球迷)。脸书在 2015 年 4 月 30 日关闭了其图形 API。在过去的 5 年里,几乎所有开发人员都可以在此程序上利用大量用户信息,而这些信息在用户授予第三方应用程序访问其数据的权限后,就被从脸书的个人资料中删除了。你注意过玩游戏或使用脸书账号直接登录,而不用为新站点创建新用户账号的确认窗口吗?

就是这个网关，这是很多人都忽略的一闪而过的真相，就是它为脸书的图形 API 提供了数据。

剑桥大学的一位名为亚历山大·科根的学者创建了"测试您的个性"的应用程序，并通过该程序使用图形 API 收集了 27 万用户的个人资料数据。就像在《新约圣经》中耶稣用五张饼和两条鱼喂饱了 5 000 个人一样，利用脸书的另一项功能，开发人员不仅可以访问安装了该程序的用户的个人资料，还可以将 27 万用户的个人资料变成 5 000 万用户的个人资料，其中囊括了安装应用程序的用户的朋友的个人资料。这项许可被隐藏在脸书账户设置的一个极易被忽略的部分中，隐私组织努力引起人们对此的关注，但多年来一直没有成功。[①] 科根将 27 万用户信息放大到 5 000 万个，这并不是黑客行为，他并没有进行攻击或利用漏洞，而仅仅是利用了一种功能，该功能作为脸书公开发布的图形 API 的一部分被广泛使用。科根将数据出售给了剑桥分析公司（这确实违反了脸书的数据共享规定），但从系统安全性的角度讲，这不算侵权。

在 2015 年，脸书发现科根曾把数据传输给剑桥分析公司，在要求科根做出书面说明，确认数据已删除后，就将此事了结了。但成千上万的开发人员都以这种方法收集到了数据。数据离开脸书服务器后，就消失在网络中。根本没有办法知道它们去了哪里，被怎样使用。这就很难，甚至无法证明，滥用数据会造成怎样的伤害。但是，如果有人揭露 2010—2015 年外部开发者捕获并在黑市交易脸书的数据，我们也无须惊讶。

最终，脸书承认图形 API 首次运行时的架构有问题，在 2015 年更改了使用规定。自从数据滥用事件被披露，脸书一直在努力解决这一问题，以重建用户信任。

[①] https://www.abine.com/blog/2012/your-facebook-friends-are-sharing-your-info/.

虽然脸书收集的数据（或者说是用户在不知不觉中免费提供的数据）看似海量，但要想让这些数据能在未来15年内催生出蓬勃发展的新业务，却是可能性不大。每种机器和用户体验都在转化为数据，这是一种连谷歌、脸书和亚马逊都难以驾驭的转化速度，而在它的引领下，新技术、新公司都将应运而生。

一切事物皆可数据化

大数据技术帮助我们捕获、存储和处理越来越多的信息。在2000年，全世界只有不到1/4的信息是数字形式的。而如今，全世界只有不到2%的信息是非数字形式的，这是深刻的宏观佐证。

考虑到大数据的海量规模，仅仅从存储上理解它会错失大局。首先，我们不仅捕获和存储了越来越多的信息资源，而且对信息进行处理、计算的速度也越来越快。我们向用户的浏览器、汽车上的黑匣子以及咖啡机发送指令，随时为用户提供更多所需的信息。其次，大数据更强大的功能是将我们日常体验的方方面面都转换为数据。我们所在的位置也会由全球定位系统（GPS）卫星转换为经纬度数据。领英网站将职业人脉转换为数据；脸书将个人偏好和用户信息转换为数据；谷歌通过搜索查询将用户偏好和感兴趣的点转换为数据。

将日常生活的方方面面变成数据的过程就是数据化，数据化与数字化并不相同。数字化是获取模拟信息（音乐、书籍、照片）并将其转换为1和0的字符串。而数据化的应用则更广泛、更深入，我们的体验几乎都受到它的影响。从阳春白雪到下里巴人，数据化的应用跨度很大。

日本先进工业技术研究所的越水重臣教授提供了一个有趣的数据

化例子。越水教授设计了一种用来记录用户的身体轮廓、姿势和体重分布的方法，并将这些信息转化为对用户唯一的个人数据签名。他的系统可以通过一个人坐在椅子上、长凳上、沙发上或任何表面上的方式识别他们。这个识别系统的准确率高达 98%。[①] 所以大家都意识到了，世界发展的速度远超预期，连一个人的臀部都能被数据化。

乍一看，这项技术似乎有点傻，其影响却很深远。对这项技术最直接的应用就是汽车防盗系统。如果你进入安装有越水教授研发的系统的汽车，而你的臀部无法被识别，汽车就会要求你输入密码才能启动。高端豪华型轿车可让你自定义座椅的高度、腰部支撑力度和角度；不如试试用越水教授的个人数据签名技术来定制你的其他就座体验！由越水教授的这项技术驱动的椅子可以根据就座人的实际情况调节腰部支撑力度的大小，就像科瑞格咖啡机可以在早晨为爸爸提供一杯浓香的曼特宁咖啡，同时也可以为送完孩子上学回家的妈妈准备一杯中度烘焙的法国榛子口味咖啡。

坐是一种适合个性化设置的、基本的人类活动，越水教授的这项技术是此项变革的关键。坐姿个性化只是其中一个代表。随着新的对象和新的体验数据化的实现，将产生大量直接对应用户的新数据签名。这就是为什么现代营销人员需要适应用户的多样性，而且要接受这样一个现实——一把钥匙、一个指纹不足以反映用户的所有身份。

具有多重身份的用户

新制度下的身份识别指的是查看和管理个人的多重身份。先进

---

① https://blogs.wsj.com/drivers-seat/tag/shigeomi-koshimizu/.

的新技术可通过在线 cookie、移动电话标识符、电子邮件地址以及各种设备用户名和密钥（例如越水教授的技术密钥）来识别个人身份。但归根结底，设备和浏览器并没有像人一样购买或参与品牌互动。2016 年全球人均拥有 3.64 台设备，[①] 如果你知道浏览器营销或移动营销，请将它们视为重要的开端而非全局。人们与手机、平板电脑、笔记本电脑、台式电脑和其他可连接设备（手表、烤面包机、椅子、汽车等）进行交互，每天创建 25 亿字节的数据。[②] 这一数据量相当于 25 万座国会图书馆的内容。但是这些数据很少被收集起来，更不用说分析了。而这其中的数据被用在单独的系统中识别一个真实个人的机会则更少。

单个用户产生的每一个信号都可以被用来识别他们的身份和好恶。为了理解并对这些信号加以利用，我们需要将它们收集到单个系统中，并对应到具体的个人。例如，收集一位汽车消费者数周或数月内的数据信号，并思索这些数据对于企图获取消费者信息的汽车经销商的意义。详见表 1.1。

表 1.1　一位汽车消费者的多重身份及其留下的高价值信号

行为	数据信号	设备	数据意义
浏览小汽车有线电视广告	看广告	有线电视机顶盒（MVPD）	看到2018年新款小汽车
点赞小汽车网页	社交热度	手机（应用程序）	很可能因为有孩子而希望买车
浏览小汽车网页	页面浏览	平板电脑（浏览器）	有购买意向

[①] https://www.globalwebindex.net/blog/digital-consumers-own-3.64-connected-devices.

[②] http://www.northeastern.edu/levelblog/2016/05/13/how-much-data-produced-every-day/.

续表

行为	数据信号	设备	数据意义
阅读小汽车评论	页面浏览	笔记本电脑（浏览器）	很快要购买小汽车
点击"信用申请"	点击	笔记本电脑（另一个浏览器）	确实要购买某款小汽车
去展厅	信标	手机、物联网	客户喜欢在本地零售商店买东西
又去了一个展厅	电子邮件	线下/客户关系管理	一个有实力的买家会去家附近的4S店进行比较
注册报价	电子邮件	线下	积极购买的状态
观看30个豪华型小汽车的在线广告	视频	浏览器	考虑购买；有成交的机会
在4S店买了小汽车	线下购买	销售点	成为一名新客户，完成购买

这是家用汽车购买的必经之路，这些事件每个月会都按顺序发生上万次。放在一起看，这完全有道理，它们描述了一对父母研究家庭新车的过程。

但是从没有人看过这个总结。

尽管这类用户的消费路径一直存在，汽车营销人员也明白汽车销售要经过这些步骤，但他们从未全面观察过。社交数据就保留在社交平台上。用户在经销商的客户关系管理系统中注册了电子邮件，但经销商从未与用户建立联系。在线广告数据与视频广告数据分别通过界面或电子表格被报告。那些不同的操作不会被用来回溯到同一个人——一个拥有手机、台式电脑、电子邮件地址、有线电视机顶盒、咖啡机或臀部个性化设置沙发的妈妈。如果我们能收集所有这些数据，加上时间标记，再联系到真人，就有可能为他们提供更好的服务体验，就会知道下次这位妈妈访问网站时，要给她展示什么款式和颜色的小汽车。后续章节会深入探讨这类难题以及可能性。

在充满信任感和透明度高的数据世界中运营

对于现代营销人员而言，将所有信息数据化会导致个体的身份越来越多重，这也加剧了隐私和信任管理的复杂性和紧迫性。几乎没有人考虑过联网汽车和可穿戴设备，或者像科瑞格咖啡机或具有越水教授那项技术的沙发之类的简单事物对个人数据领域的影响。美国联邦贸易委员会正在努力应对物联网带来的影响和即将到来的海量数据流。[1][2] 他们也呼吁企业积极投资数据安全业务，同时他们也在淘汰一些监管措施，以更好地管理由物联网普遍连接带来的商业活动和用户交互。

从业者最希望隐私发展制度能按下面的四个步骤进行：

第一，与政策制定者保持互动。政策制定者需要帮助企业。企业在尊重消费者隐私和防止侵入性商业行为方面有既得利益。在真空状态下起草的政策通常会引发不合理的结果和意想不到的后果。要平衡用户隐私和企业生存能力，企业在推进战略和商议决定时，尤其要参考首席营销官的意见。

第二，聘请顶尖隐私顾问。隐私权政策可能变得非常抽象。为遵守法规所做的最低限度且简单的努力都可能有点过分，可能会让

---

[1]　https://www.bna.com/ftc-urges-internet-n57982063407/.

[2]　http://www.bna.com/ftc-urges-internet-n57982063407/.

技术人员不堪重负，甚至毁掉企业。当然，要做划定界线的艰难决定有些超前。企业很难聘请到消息灵通、态度务实的隐私咨询专家，他们对于企业来说非常宝贵，因为他们能够在考虑技术因素和保护用户隐私的基础上，真正平衡商业利益。

第三，推动组织协调。要做到隐私政策合规，就要在业务需求、技术约束和法律要求之间实现微妙的平衡。而且，这不仅仅是律师的工作，还是运营人员必须遵守的、由技术支持的实践和流程。首席营销官的任务应是将自己置身于对话的中心，定义角色，建立激励体系，推动组织达到合规的合理平衡点。本书第六章将对此进行深入研究。

第四，进行信任感强、透明度高的运营，这一点至关重要。脸书—剑桥分析崩溃事件为寻求未来与用户建立持久信任关系的企业点明了信任和透明度的重要性。脸书数据收集的背后隐藏着软件开发人员所理解的深奥的技术，但其他人很难理解。数据收集工具被记录在只有技术人员才会阅读的手册中，而隐私控制则深埋在脸书的用户设置中。大多数用户都会跳过设置检查，急切地想要查看最新的动态，看看朋友们都在做什么。这一实际突出了设计体验的重要性，这种体验要求用户停下来，花几秒钟时间关注那些看起来沉闷而无趣的问题。从这一角度看，GDPR 中的同意权为改变企业与消费者的对话状态提供了有价值的起点。

用户数据的管理肩负着很大的责任。优秀的企业会尽可能不使用普通用户难以理解的法律术语，来掩盖法律服务条款或政策。企业会确保为用户提供有明确解释且易于获得的隐私权控件。Krux网站上展示了一项隐私政策，该政策是我们公司的律师认为需要告知访问者的法律标准，且该政策展示的位置也很显眼。另外，Krux

网站还展示了"隐私承诺",以通俗易懂的方式解释了与用户有关的章程及其他在并未为人察觉的方面所做的工作,包括 Krux 代表客户对数据进行处理,以及 Krux 的数据应用价值观。Krux 明确表示,一旦得知客户无视其中一项承诺,将立即停止与其已经开展的业务。鉴于我们正在处理大量宝贵的用户数据,我们认为要尽可能透明地处理这些原本神秘的问题。

多年后,早在我们被 Salesforce 收购之前,我们与 Salesforce 进行了首次伙伴关系对话。我们备受鼓舞,因为 Salesforce 拥护信任,视之为处理与客户的关系的第一原则。成为 Salesforce 的一员后,我们更加高兴地发现,信任真的不是存在于营销和会议资料中的空谈,而是贯穿在各项业务的经营原则中的。当我们深入核心的技术难题,需要在更细微的层面上拆解出维护信任所需的东西时,所有员工都可以直观地理解信任的含义,他们思路清晰,满怀善意,引导着公司与合作伙伴及客户建立长久关系。

营销人员应优先考虑与自己的客户和合作伙伴建立信任关系,保持高透明度,尤其是在处理宝贵的用户数据时,要以此获得认知和品牌价值方面的长期回报。信任关系和高透明度能让营销人员与客户保持更深远而持久的联系。当今世界的一切事物都以惊人的速度被数据化,信任关系和高透明度能够极大降低未来数据泄露及对品牌有杀伤力的黑客入侵的风险。

数据驱动型营销的三大核心原则

现在，你已经对数据应用的大背景有了大致了解。接下来本书将介绍三个核心原则。这些原则概括了 10 年来我们在数据研究中汲取的大部分知识。早点掌握这些原则，就可以避开前人经历过的一些"雷区"，少走点弯路。这些"雷区"，只有陷阱，没有馅饼。提出以下三个原则，旨在使人们冲破思想藩篱，革除陈规陋习。如果你已经是一个成功的数据驱动型营销商，掌握下面三个原则可以帮助你弄清楚自己直觉能感知到，但不能明确理解的事情。综上所述，这些原则提供了一个良好的框架，有助于企业制定持久的数据策略，能指导组织和个人采取更好的现代营销方式。

原则 1：树立"动态人"观念

古希腊哲学家赫拉克利特说过："人不能两次踏进同一条河流。"这句话的意思是，宇宙中唯一不变的就是变化。意图考察瞬息万变、不可预测的消费者行为的现代营销人员尤其需要深刻领悟这一思想。但是，需要摒弃两个通常被严格遵循的准则：细分市场和营销漏斗。

营销人员在入行时就谙熟细分市场这一概念。所谓细分市场，其实就是指特定年龄段的群体（例如 18~34 岁的男性），或者有共同行为特征的群体，比如罐头汤购买者、过敏症患者、车友、"足球妈妈"（家住郊区、已婚，并且家中有学龄儿童的中产阶级女性）。艾伦·库珀是旧金山的一名软件设计师，他因 20 世纪 70 年代在人物角色开发领域从事的极具开创性的工作而备受推崇。[①] 几十年来，我们一直把用户细分和人物角色开发作为手段，以此来关注要传达的创意信息，并识别产品的目标客户。

AIDA 漏斗模型（即营销漏斗）是 1898 年开发的一种刺激—响应模型（见图 2.1）。[②]

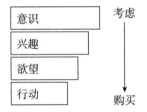

注：AIDA 漏斗模型最早是由美国广告销售鼻祖级人物 E. 圣埃尔莫·刘易斯提出的。这个模型一直被沿用至今，定义了消费者在整个销售周期（从考虑购买到实际购买）中的各个产品体验步骤。

图2.1　AIDA漏斗模型

这个营销工具自被发明以来几乎没有产生任何变化。"意识、

---

① https://www.cooper.com/journal/2008/05/the_origin_of_personas.

② https://en.wikipedia.org/wiki/AIDA_(marketing).

兴趣、欲望和行动"构成了营销人员考察消费者行为的主导概念框架。但是，在这个数据大爆炸的时代，无论是细分市场还是营销漏斗都无法充分反映客户的实际行为。当今消费者的行为模式完全偏离了现代市场营销人员熟稔的既定路线（见图 2.2）。

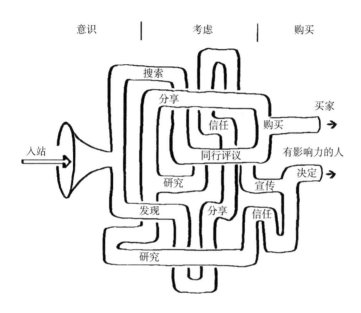

注：如今的用户购物体验包括搜索、社交、产品对比和电子商务体验等因素，并影响着品牌产品购买者和在购物方面有影响力的人士。

图2.2　现代营销漏斗中的多重曲折渠道示意图

如何向"千禧一代"和"Z 世代"（指在 1995—2009 年出生的人，是受科技产物影响很大的一代）的消费者推销新款运动鞋？如今，基本推销方式包括：跨越五种主要渠道的社交媒体宣传、数千个网站的在线展销、视频推送、单独登录页面、广播电视和有线电视广告、定向电子邮件、游戏内置广告、平面广告和店内展台等。

这还只是传媒和渠道方面的问题。找到用户后还要进行售后维护，包括让用户参与交叉销售或追加销售，这些同样需要在客户关系管理、销售点和多设备交互系统之间进行复杂的协调。

根本问题不在于渠道数量的爆炸式增长。这仅仅是一种现象，现在的"千禧一代"在美国人口中的占比高过"婴儿潮一代"人口在同期总人口中的占比，[①] 他们并没有像 60 年前的人那样爱用大众传媒，也不会采取"从意识到行动"的传统购买行为模式。他们不像老一辈人那样经常收看电视节目。他们会把时间花在移动设备和视频游戏机上，并在使用笔记本电脑的有限时段内快速浏览数百个网站。[②]

更为棘手的是，"千禧一代"完全控制了他们消费的品牌。飞行体验很糟糕？现在，达美航空不得不通过其社交媒体的"作战室"来回应顾客愤怒的推文。运动鞋很快就穿破了？顾客可以通过在商户点评网站上写点评给你致命一击，更糟糕的是，如果这样的点评出现在专业博客上，就会引发大量运动鞋发烧友的空前关注。顾客有空前强大的能力，这让他们完全可以给你的品牌换一个名称，并且让新名称广为人知。舆论的力量绝不亚于数百万美元的投资，例如，多芬洁面皂由于包装精美、润肤丝滑，成千上万的消费者称其为"Silk"（丝绸）。多芬的母公司联合利华乐见其成，干脆顺应了消费者的这一叫法。

营销漏斗已经过时了。我们现在侧重吸引那些"无章可循"的

---

① http://www.goldmansachs.com/our-thinking/pages/millennials/. 第二次世界大战后，1946—1964 年这 18 年间婴儿潮人口高达 7600 万人，这个人群被称为"婴儿潮一代"。

② http://www.nielsen.com/us/en/insights/news/2016/facts-of-life-as-they-move-through-life-stages-millennials-media-habits-are-different.html.

消费者，他们的购买行为轨迹纷乱无序，像蛇[1]、意大利面[2]或其他各种非线性形状[3]。客户可能会首先通过产品推荐在社交媒体上找到商家，参考几个网络广告，去商店当面检视产品，然后访问商家的网站和产品页面，最终在商家合作伙伴的电商网站上下单。如果你通过电子邮件、直邮广告和移动渠道与已知的用户打交道，情况会更复杂。

当今时代人们联系紧密并且不断移动，细分市场或人物角色的基本概念逐渐丧失原有的相关性。在数字化变革之前，这些做法都很适用，但到了拥有能记录、识别个人细微差别和癖好的数据和系统的时代，这些做法就未免太单一了。人们不再是静止的生物，营销人员不再能清晰地预见从意识、兴趣、欲望到行动等顾客的各个体验阶段。成功的现代营销人员首先要认识到消费者的行为轨迹是曲折的，个人会不断发生动态变化："静态人"越来越少，"动态人"越来越多。

从细分市场的角度对郊区中上阶层的父亲这个角色进行探讨。他永远属于"父亲"客户群，他的收入直到退休都不会有太大变化，而且不太可能举家进行频繁搬迁。如果他是运动爱好者，那么他会一直热爱运动，并且，如果他一直出差，那么他很可能直到退休都是一名商务旅行者。这些属性是静态的，不会随时间的变化而变化。营销人员在对受众进行细分时，习惯于采用这种方式描述购买者角色。

但是这位"父亲"其实有很多面，这取决于天气、所处场所、

---

[1]　http://www.pluck.com/wp-content/uploads/2013/08/customer-journey-map-final-11x17inches.pdf.

[2]　http://www.tcs.com/resources/white_papers/PublishingImages/ TCS-Traditional-customer-lifecycle.jpg.

[3]　http://zenithoptimedia.ch/en/news/?id=81.

所处时间点以及他正在做的事情。在工作日他可能是高收入的商务旅行者，但在周末，他可能摇身一变，成了"极限运动爱好者"。周六早上教儿子踢足球时，他的身份是"爸爸"；晚上，和朋友走街串巷大快朵颐时，他的身份是"美食爱好者"。周四晚上篮球比赛前，他可能喝劲力运动饮料，而周日下午在杂货店营业期间，他可能喝健怡可乐。

案例：梅雷迪思重新定义"妈妈"

梅雷迪思公司是全球最成功的女性消费杂志出版商之一，旗下拥有《美好家园》《美国宝贝》《乡村生活》等刊物及 AllRecipes.com（一个菜谱网站）等网站。对"家庭 CEO"感兴趣的广告商把目光投向了梅雷迪思。因为这家公司出版的刊物拥有大量当家的家庭女性受众，这些女性将最终决定家庭成员吃什么食物、坐什么沙发、开什么车、穿什么衣服，以及在哪里存钱和投资。但是与充满活力的郊区中上阶层的父亲一样，"梅雷迪思妈妈"同样是一人千面。

阿莉西娅·博尔希奇是梅雷迪思公司的首席营销官兼首席数据官。在她眼里，数据不仅反映了女性对梅雷迪思旗下各个刊物的偏好，也能体现出女性对品牌的忠诚度，以及最终与梅雷迪思的庞大广告客户群体接洽的可能性。从"一种妈妈"的想法出发，阿莉西娅和她的团队发现了成千上万种组合和角度，这些组合和角度定义了不断发展变化的"动态"妈妈。阿莉西娅表示："梅雷迪思的女性受众显然是一个有巨大潜力的广告客户群体，但是广告商正在不断寻找更明确的客户群，要与用户进行精准的实时互动。我们不仅需要了解是什么因素界定了《美国宝贝》这类杂志的'妈妈'受众，还要从非常细微的层面上了解 AllRecipes.com 的用户所青睐的食物。"

阿莉西娅和她的团队开发了一种细分策略，能够根据广告客户的需求建立受众群体。这项内部功能根据消费者正在观看的特定菜谱，进一步调整为客户投放广告的具体内容。数据驱动优势让总部设在艾奥瓦州的梅雷迪思公司从竞争激烈的出版领域脱颖而出。2018 年，梅雷迪思斥资 28 亿美元，收购了《时代》周刊的母公司——时代公司（Time Inc.）。[1]

不久以前，网民的设备基本都是台式电脑。如今，人们更多使用移动设备。借助移动设备，人们知道自己所处的地理坐标、当地天气情况以及其他各种事情。尽管人们从直觉上已经理解了时代发生了转变，可以保持时刻在线，有了更多自我表达的机会，获得了即时满足感，但仍有太多企业并没有跟上时代的步伐，他们的思维还停留在过去。这些企业就像你在假期里见到的和蔼可亲但又蒙昧无知的亲戚。他们想与你交往，但在他们眼里，你始终只是个蹒跚学步的孩子或小学生，他们不愿承认你已经长大成人了。

思维先于方法，大胆假设，小心求证。在迈向数据驱动的卓越道路上，第一步，也是最重要的一步是，不要一成不变地看待"郊区父亲"和"主妇妈妈"，而要树立"动态人"这一观念。像梅雷迪思这样的企业，观念非常超前，绝不会把消费者归类放进盒子，再贴上一个死板的标签了事。人不能两次踏进同一条河流，同样，企业也永远不会两次遇到同一个消费者。围绕这一原则构建营销方案，梅雷迪思为企业未来的营销投资、战略和战术奠定了持久的基础。

---

[1] http://nymag.com/daily/intelligencer/2017/11/meredith-acquires-time-inc-in-usd-2-8-billion-deal.html.

原则2：数据悲观论和数据乐观论

一个好消息是，触手可及的数据比你最初预想的要多得多。而坏消息是，你的数据不如你想象的那样宝贵，完整性也不够。

我们一开始与大型营销商进行探讨时，首先参与探讨的是一些国际消费品公司，如家乐氏、亿滋、喜力和百威英博等品牌。家乐氏很早就着手运用大数据，并设法通过"家庭奖励计划"收集了数百万个电子邮件地址。所谓"家庭奖励计划"就是一个提供优惠券和顾客忠诚度积分的订阅计划。虽然这一计划堪称创举，但与全球数十亿认可并购买家乐氏产品的消费者数量相比，几百万个电子邮件地址微不足道。该公司的主要分销商是大型零售商，例如沃尔玛这样能够自主建立店内消费者关系的大公司。家乐氏2016年的财务报告明确指出："在2016年，家乐氏的前五大用户（包括沃尔玛在内），约占家乐氏合并净销售额的34%，约占美国净销售额的47%。"[①] 换句话说，与许多其他消费品公司一样，家乐氏并没有与消费者建立一对一的关系。

鉴于目前的全球形势，类似家乐氏这样的大型企业可谓处境艰难。消费者迫切希望营销商效仿网飞和亚马逊建立客户关系，却不了解家乐氏等品牌还不能直接触达销售终端。传统的营销商想当然地认为自己无法在数据驱动业务领域占有一席之地。但是，家乐氏的营销人员持之以恒、开拓进取，他们早就意识到，内部拥有的数据比他们最初想象的多得多。

---

① http://www.annualreports.com/HostedData/AnnualReports/PDF/ NYSE_K_2016.PDF.

家乐氏涉足数据利用始于几亿美元的数字广告投入。家乐氏意识到，cookie 和广告投放数据是进入消费者数据世界的重要关口。因此它开始着手对数据进行梳理。比如，某一个用户群看了多少广告？广告投放在什么位置？广告投放的目标人数是多少？例如，烹饪网站的广告收视率极高，这使家乐氏意识到，消费者在做饭时会更加频繁地与品牌互动。显然，"家庭奖励计划"数据库中的电子邮件地址数量不如 cookie 池（通过网站 cookie 设置采集的用户信息量）那么大，但非常有价值，公司可以通过电子邮件联系到这些消费者。家乐氏还可以在他们使用手机、平板电脑和台式电脑时观测其行为轨迹，并对信息进行相应的调整。

家乐氏从自己的广告和网络媒体资源中捕获的是第一手数据。这些数据是开启与消费者对话的宝贵钥匙，但刚接触大数据的营销商很容易低估这些具有巨大能量的数据。

但是数据的动力远不止来自你从自己的网站、应用程序和媒体广告宣传中收集到的信息。这仅仅是百尺竿头的第一步。另一家消费品公司康尼格拉虽然一开始抱着数据稀缺的悲观心态，但很快就发现了大量机会。这些机会不仅存在于自己的第一手数据中，也来自合作伙伴的数据。这就是第二手数据，即凭借授权数据的共享协议从合作伙伴处获得的数据。例如，康尼格拉与梅雷迪思等合作伙伴的第二方关系，使其能够在 AllRecipes.com 上找到更多汉斯番茄酱的消费者。

这些公司自己拥有的数据就超出它们的想象，它们还可以访问庞大的第二手数据池和具有高利用度的第三方数据池，如从益博睿、IRI、甲骨文、Datalogix、Acxiom、Alliant 和 comScore 等数据中间商处购买这些数据。第三方数据供应商基本上要做两件事：一是汇集网站上的访问行为、购买信息，使用自己的第一手数据监测各公司的其他信号；二是将这些数据细分为"驴友"或"美食家"等类别。通过这种方式，第三方数据供应商处理数据的方式类似于广告系统对广告库存资源的处理：他们汇集并整理数据，帮助有高密度数据的公司实现其数据价值，为他们提供规模化数据库。市场上有大量的第三方数据供应商，有几十万个细分市场数据公开在售，几乎所有的数字营销商都在一定程度地使用某种类型的第三方数据。我们不知道有哪家公司只使用第一手数据或第二手数据，却排斥第三方数据，反之亦然。但是，由于第三方数据变得泛滥而廉价，大多数营销商和媒体发现，第一手数据的相对价值更大，细分的类别也更有意义。

这其中还存在一个悖论：营销商过于相信自己掌握的数据，忽视了随着时间的推移，对数据的需求也在不断地扩大。而对数据的处理没有终点，是需要持续进行的。我们遇到过一些公司，它们对自己的数据优势盲目自信，颇有些自鸣得意。

我们的一个数据媒体客户积累了上亿个活跃用户数据。这家公司踌躇满志，对以此为基础发展广告业务充满信心。但是，当我们开始对这些数据的性质进行分析时，立即发现了一个明显的缺点。这家公司只将其产品作为一款应用程序进行开发，用户无法通过台式电脑浏览器对其进行访问。乍一看很明智，因为它认识到用户对移动端的偏好，但也暴露了一个明显的缺点：它们无法像家乐氏的"家庭奖励计划"那样观测、连接移动设备和台式电脑的双界面用户，当营销人员在为两个界面的用户定制产品体验时，这就成为一个极大的不利因素。尽管大众使用台式电脑上网的时间有所减少，但看衰台式电脑使用率的报道通常都是过分夸大的。大多数营销商都在寻找涵盖所有普通消费者相关接触点的集成媒体。

在初期会议上，这些营销商总是自豪地告诉我们："我们可有

1.2 亿独立用户！"如今，这些面向用户的管理者陷入了尴尬境地，不得不承认他们的数据并不像预想的那样宝贵或具有完整的价值。为了弥补这一缺陷，这些管理者随后制订了一项重大的产品计划，要在两年内进行有意义的投资，以缩小理想和现实的差距。

　　这无疑是"量力而行"法则的一个实例。狂妄自大，终将一败涂地。我们用温和的语言向自信过头的客户解释，他们的数据集并没有他们预想的数量庞大且功能强大。但这种对话往往并不怎么令人愉快。

案例：潘多拉使用第二手数据和第三方数据，深入了解听众需求

　　潘多拉公司（美国的一家流媒体音乐服务商）热衷于通过手机与用户直接联系。他们的用户对手机极为依赖，几乎机不离身。但是，与我们其他的客户不同，潘多拉公司提供的服务在浏览器、应用程序和用户需要登录的其他设备上都可以运行。由此，潘多拉能够识别跨多种设备（移动设备、台式电脑、车载设备、亚马逊 Echo 智能音箱，甚至三星冰箱）的用户，这反过来又为其提供了有用信息，帮助他们了解用户接受服务的环境。听健身音乐的人，可能正在锻炼。玩"Kids Jamz"游戏的人多半有一个 6~12 岁的孩子。

　　潘多拉公司的"音乐基因组计划"分析了上万种独立音乐的属性，从而了解歌曲的特质，这样就能够根据用户的历史偏好推荐新内容。在大多数情况下，用户登录后，往往会连续几个小时使用潘多拉公司的应用程序收听各种音乐。用户甚至可以给单首曲目"点赞"或"点不喜欢"，直接为潘多拉公司提供偏好数据，使其可以调整算法，为上千万用户分别定制个性化的音乐播放列表。

尽管潘多拉公司知道人们的音乐喜好，以及用何种方式在何时于何地聆听音乐，但并不知道人们喜欢喝百威啤酒还是喜力啤酒，也不能区分"车友"和"驴友"。作为全球最大的媒体公司之一，潘多拉向全球各大品牌商销售定向广告并从中获利。为了丰富其面向营销客户的广告产品，它充分挖掘大量月度听众群体的价值，并需要精益求精，缩小这些差距。潘多拉公司负责收益管理的高级副总裁戴维·史密斯早就意识到，单枪匹马蛮干是行不通的。他们需要通过技术手段整合第二手数据和第三方数据，深化和拓展自己对用户的认知（见图2.3）。

史密斯说："尽管我们非常擅长从自身的数据（如年龄、性别和所在地）中构建专有细分群体，但我们很清楚，要走在数据战略的前沿，才能满足日益成熟、严苛的营销商的需求。我们一直在寻求各种方法，丰富我们的数据库，满足那些细分市场营销商的需求（例如拉美裔受众、时尚妈妈或'驴友'）。"

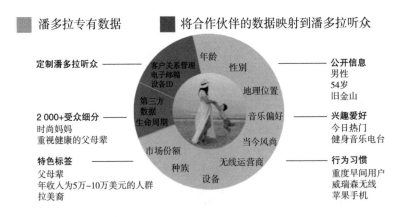

图2.3 潘多拉不断整合合作伙伴数据

资料来源：潘多拉公司。

原则 3：务实的理论好过所谓的真理

成功的企业高管信念坚定，行事果断，备受赞誉。我们往往被鼓动与行业大佬一起参加大型会议，出台新举措，一鸣惊人。人们认为，好奇心是脆弱无能的表现。商业书籍只要能为人们提供明确的指导，就会大受推崇。

我们认为这些就是胡说八道，没有颠扑不破的真理，没有一成不变的事情。尤其是在现代营销环境中，务实理论越来越少，成功的营销商随时准备着改良自己的营销体系，而一些因循守旧的人则依赖于虚假的准确性。

如果你认同"动态人"的说法，那么原则 3 无疑是这一观念下的必然结果。但是，在与领先的营销商打交道时，很多人信守原则 1，随后却采用多年前的营销策略，根本无法预见消费者偏好的瞬息变化。很多营销商明知这一点，却一意孤行，与之背道而驰。就像一位气象学家明明预测会出现大暴雨，却坚持在可能暴发泥石流的地方建造房子。原则 3 将"动态人"的观念转化为具体的行动。在涉及建立有关消费者的新假设时，现代营销者绝不能固守一隅，而必须"百花齐放，百家争鸣"。

家乐氏公司前全球数字策略副总裁乔恩·苏亚雷斯·戴维斯非常了解大规模定向营销的实施难度。戴维斯是数字先驱，自称"数据猎犬"，是最早部署数据管理平台的快速消费品营销人员之一。他非常了解消费者，知道他们接触到广播电视和印刷品等"一对多"媒体的次数越来越少。像其他大型消费品公司一样，家乐氏面临着这样一种情况：消费者口味改变导致人们摒弃批量生产的加工食品，转向贴有"有机"、"无转基因成分"和"无麸质"标签的食品。① 大型制造商的应对往往滞后于消费者偏好变化。对新产品或生产线扩展的每次改良，可能都需要设备升级、制造流程更新以及供应链调整。所有这些，都会影响到整个组织。家乐氏的营销团队必须迅速适应广大用户的偏好变化。

像戴维斯这样的营销人员面临着一个挑战，就是要着手将运营媒体的资金投入消费者未来将会聚集的渠道，保持经典品牌的发展势头，创建一个新的细分模型以适应广泛的品类购买者，确保家乐氏有合适的衡量标准，用以确定是否以最佳方式使用了营销资金。这其中大部分的工作是为了采用一对一营销的工具，引入能够兑现开发承诺的技术合作伙伴。

但是，如果纯粹的一对一营销根本解决不了问题，又该如何？在一个大型快速消费品推介会中，戴维斯讲述过为什么有时"错过目标"反而可以创造新的增长机会，这是一个令人享受的场景。尽管营销商痴迷于打造特定的营销方式，承诺为与客户的每一次可寻址的交互提供"正确的消息、地点和时间"，但这场大讨论的焦点仍然是：能否大规模开展个性化营销。毕竟，大型产品营销商的目标是提升品牌考量因素，带动品牌商店的销量。

"有一件事一直让我感到惊讶，那就是，我们发现偏离目标50%的媒体也获得了不少成果。"戴维斯继续说，"有时，你明明已经错过了，却歪打正着，最终还是击中了目标。在我们的营销活动中，广告代理商所做的广告的受众与我们的目标受众几乎南辕北

---

① http://non-gmoreport.com/articles/more-major-food-companies-switch-to-non-gmo-ingredients/.

辙，却'因祸得福'，在这些非目标年龄段受众中意外地获得了销售业绩增长。品客薯片的系列广告就是一个例子，大量销售额来自婴儿潮那代人，而这并非原本设定的目标受众。"

脸书提供了在粒度水平上定位全球大范围人群的能力，并且实际上有成千上万的预打包数据段可用于在线目标定位，形成了强大且具实操性的洞见。但是，数据驱动的目标定位有两个根本缺陷，这两个缺陷会阻碍其发挥作用。首先，费用高昂。向媒体宣传活动中添加的数据越多，目标定位的成本就越高，目标范围也就越窄。如果目标人群仅是品客零食的爱好者，那么自然就排除了去杂货店为女儿购买晨星农场素食汉堡的妈妈。

其次，细分几乎无一例外会导致观测偏倚。研究人员在下意识地建立实验参数以证明其假设时，就会出现观测偏倚。对于营销商来说，这类似于"妈妈买面包车"之类的偏差。在设计最初的客户细分时，我们总是从自己了解的事情入手。但是，也许有些隐匿的观察和宝贵的信息潜藏在表象之下，而我们没有去费心寻找，甚至更糟的是，我们正在尽力寻求证据，力图证明它们根本不存在。如果出现这种情况，怎么办？

以布鲁克斯公司生产的高端跑鞋为例。大多数布鲁克斯运动鞋购买者是跑步爱好者甚至是马拉松发烧友，布鲁克斯营销团队极其执着于这一细分市场。而实际上，也有很多潮人喜欢布鲁克斯运动鞋的复古风格，但他们到布鲁克林或奥克兰打保龄球的步伐可能永远不会"轻快如风"。找出问题的存在很简单。如果对马拉松运动员进行细分，那就只会以马拉松运动员为目标，衡量自己吸引马拉松运动员的能力，这么做就会完全错过时尚潮人这一市场。

案例：利洁时和金宝汤建立超越细分市场的
消费者行为智能理论

像家乐氏或华纳兄弟这类公司的创新营销人员都非常清楚，他们需要跨越雷池，建立新的消费者理论，并要不断测试和衡量理论成效。对于总部设在英国的利洁时集团而言，挑战更为严峻。利洁时将美清痰化痰片投入市场的初衷是针对感冒患者。这些患者是谁？住在哪里？如何说服他们在受尽感冒的痛苦时选择购买这个产品？这可能是理论的创建和修正过程中面临的最大难点。

像其他营销商一样，利洁时试图向越来越难找到的消费者传达个性化信息：如果出现鼻塞、呼吸不畅，美清痰可以帮助疏通鼻腔。过敏症发作后服用美清痰，可消除过敏症状，恢复正常状态，因此过敏症患者也是他们重要的目标人群。问题在于，与其他常备的家用必需品不同，感冒之前，很少有人会置备药物。人们只有出现感冒症状后才会想到买药。利洁时全年都会用"鼻涕怪"吉祥物①开展品牌宣传活动，感冒和过敏症患者一流鼻涕，就会条件反射般想起这一形象，随即购买美清痰。感冒和流感季节一开始，有些人在预算有限的情况下可能就没有足够的可支配资金用来买药了。

利洁时没有坐等顾客上门。它的营销人员建立了一个理论模型，包括顾客在哪里、是谁以及何时需要美清痰，这个模型已经开始发挥作用。利洁时开始在各个目标区域投放美清痰广告，比如，流感和感冒高发地区，或花粉较多、容易对过敏症患者造成影响的地区。他们利用过去的购买行为数据，确保目标人群是那些易过敏的非处方药购

---

① http://www.fiercepharma.com/special-report/mucinex-snot-monster-reckitt-benckiser.

买者。利洁时将高花粉数量与结构化的地理定位相结合，完美实现了其产品宣传目标。利洁时不断更新和修正宣传策略，对优惠券进行分层，检验其是否适用于所针对的子群体。

金宝汤公司的核心产品罐头汤的营销是另一个有趣的实例，它说明了有必要建立并不断修正消费者智能理论。在与由该公司全球媒体负责人马尔奇·莱布尔领导的营销团队进行探讨之前，我们以为消费者会在超市定期购买罐头汤。事实证明，决定消费者购买行为的关键驱动因素不止一个。当天气较为恶劣时，罐头汤销量更大，因为人们预计要在家里待上好几天，需要储备食品，应对暴风雨天气。

与美清痰一样，这是一种简单但可实操的洞见，可应用于由天气预报数据驱动的个性化数字营销活动。实际上，金宝汤公司正是因其善于追踪美国各地恶劣天气的"痛苦指数"而闻名的。当痛苦指数有所上升，金宝汤的营销人员就会调整当地广播、其他媒体的消息推送和广告投放活动。[1]

莱布尔表示："金宝汤公司这几十年一直在用数据定位广告投放。这是为了确保在正确的思维方式下吸引客户接收我们的广告信息。在某些情况下，这意味着需要大力推动消费，这样客户就会把罐头汤搬出食品储藏室（以供食用）。在其他情况下，则需要推动购买行为。还有一些情况下，需要推出一款新产品，或使人们了解公司对前代产品的新改进。我们要克服的挑战是，使用数据确保合适的用户接收到合适的消息，要让客户感受到金宝汤的人文关怀。"

美清痰和金宝汤有个共同点，即用"以人为本"的理念指引营销策略的制定，并随时进行灵活调整。

---

[1]　http://www.cbc.ca/radio/undertheinfluence/how-weather-affect-marketing-1.2801774.

　　知之为知之，不知为不知。实事求是，不屈不挠，自担风险，一往无前。建立一套消费者理论需要从已知信息出发，根据对客户做出的数据性假设进行展开，当然还需求随机应变，预测可能遗漏和疏忽的客户群体。也就是说，要学会坦然接受错误，也应该不断试错，从错误的定位中汲取经验教训。成功的营销人员会从孩童的思维方式着手：对新的可能性感到好奇，不怕犯错，勇于探索，不设藩篱，更不会限制自己的思维。

用户数据的输入与输出

《非传统营销》是拜伦·夏普撰写的一部颠覆性著作。这一著作挑战了消费者需要或想要与品牌建立联系的观点。[①]夏普认为："查看数据时，会发现品牌推广的作用出乎意料的简单，其实就是让消费者更方便地购买品牌产品，最大限度地利用其物理可用性，构建有吸引力且令人难忘的独特品牌资产，诸如颜色、包装、徽标、设计、标语和名人代言等感官和语义线索，令品牌拥有让人一见倾心、便于记忆、易于回想的特点。"简言之，夏普认为，打造一个品牌需要两个条件：占有消费者心目中的"货架"和消费者身边的商店里实际的货架。在产品较少、货架空间较大的时代，电视等大众营销渠道很容易影响大多数消费者。但如今，用户设备普遍接入网络，在线商务无缝衔接，社交媒体无处不在，由此产生了看似无比复杂的局面，使这种方法无法奏效。

　　广告技术已成为一个秘密俱乐部，里面的成员说着奇怪的语

---

① https://www.slideshare.net/zanaida/how-brands-grow-a-summary-of-byron-sharps-book.

言，满嘴都是缩略语和代码词汇。广告行话，如 DSP（需求方平台）、SSP（供应方平台）、RTB（实时竞价）、"标头竞价"等纯属自设藩篱，将非专业人士拒之门外，墙内的人则标榜自己从事的业务太难、太技术化了，令墙外的人无法质疑。特伦斯·卡瓦贾制作了 LUMAscape 营销生态图，用来表示横亘于营销商和数据媒体之间的数千家广告技术公司。讽刺的是，当一家新公司想寻求融资，自称要缩小营销商与数据媒体之间的距离，就会拿着 LUMAscape 营销生态图游说投资者。几个月后，这家公司发现自己被添加到了 LUMAscape 营销生态图中，被它原本打算简化的那些复杂标记所吞没。

在图片广告领域，超过 60% 的"有效"媒体推广资金在被用于数据媒体之前，就已进入了广告技术公司的口袋（见图 3.1）。[①]百威英博作为一个大型营销商，可能因担心自己的精酿啤酒品牌市场份额下降，希望与 Vice（一家媒体公司）等数据媒体合作，将其品牌的广告推送给易受影响的"Z 世代"消费者。根据这两家公司使用的智能广告技术产品的配置，在 10 美元的"有效"媒体推广资金中，Vice 可能只能赚到 2~3 美元。最终，百威英博将其 80% 的媒体推广资金付给该公司与 Vice 之间的所有广告技术中间商，而 Vice 所获得的价值与其优质的受众群体并不匹配。这就是经济学家所说的低效率均衡。为了使供需平衡的杂费开销实在太大了。

---

① http://www.mediapost.com/publications/article/270487/study-finds-only-40-of-digital-buys-going-to-work.html.

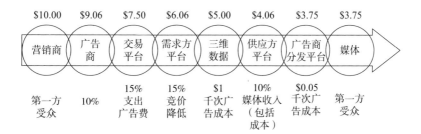

注：在支付供应商费用和数据成本的"广告技术税"之后，10美元的预算转化为不到4美元的"有效"媒体支出。

图3.1 程序化方式支出的典型媒体预算流程图

营销商需要精确的触及率：尽可能找到对其产品感兴趣的群体，并为目标群体提供一种体验（如广告、报价、推介内容），从而拉近他们与品牌之间的距离。媒体生产的内容体验，吸引受众将时间花在他们最喜欢的网站、应用程序和广告上。营销商和媒体都有从不同来源获取和分析用户数据的需求，而这强化了LUMAscape营销生态图中的大部分内容。

当然，技术最令人着迷（也可能是最令人不安）的是，新入行者精力充沛，不断爬升到更高的位置，并迅速地吸收或避免之前发生的一切。截至撰写本书时，LUMAscape营销生态图中出现的由三个首字母组成的缩略语体系仍在业界传扬，派生出的新品类（例如"客户数据平台"和"数据湖"）声称将解决上一代产品的所有弊病。虽然供应商、银行家和市场分析师可能对这些新品类之间的差异感兴趣，但在我们看来，所有这些专业词语都是打着数据管理的旗号凑在一起的"乌合之众"。明智的运营商会竭力避开由微小差异（例如消费者数据平台与数据管理平台）构筑的思维沼泽，而将精力集中在理解和应用我们认为更简单、更持久的想法——数据的输入与输出上。

案例：乔治亚—太平洋在数据领域由匮乏走向丰富

2015 年初，我们参加了一场首席营销官会议，其间供应商与大型营销商进行了 40 分钟的讨论。我们很幸运地与乔治亚—太平洋公司负责消费业务的首席营销官杜威·伯格斯马进行了交流。

杜威热情地和我们打招呼，然后就切入正题。"我们的媒体总监凯特·梅青格尔认为，我们需要一个数据管理平台。你们可能很想知道为什么一家销售卫生纸、纸巾和餐巾纸的公司需要这种技术。也许你们可以为我们解答这个问题。"

这似乎是我们正在等待的挑战。虽然我们曾帮助其他快速消费品品牌（特别是家乐氏、喜力和欧莱雅）对它们的受众进行了细分、分析和激活，但我们如何才能帮助乔治亚—太平洋公司与每月只购买一次餐巾纸的消费者建立更密切的联系？乔治亚—太平洋公司出售人们经常购买的日常用品，这种购买行为在很大程度上是习惯性的，很少会受到重视。正如杜威所说，"乔治亚—太平洋公司出售的是卫生纸，而消费者根本不想讨论这种产品，通常买完就忘"。当然，该公司的 Brawny 品牌每天都在与宝洁的 Bounty 品牌争夺厨房纸的市场份额。像其他所有大型快速消费品公司一样，这两家公司不仅在为争夺寸土寸金的超市货架空间展开了激烈竞争，还在为争夺消费者心里的货架空间而战。随着时间的流逝，我们都会形成明显的品牌偏好，并且我们之所以会忠于某些品牌和产品，在很大程度上归功于广告推送。

但是，为什么纸制品公司的首席营销官和媒体总监有兴趣与我们讨论数据管理问题？乔治亚—太平洋公司产品的消费者已经进入了超市和俱乐部商店，而乔治亚—太平洋公司与超市和商店具有牢固的零售合作伙伴关系，有充足的货架空间以及高度活跃的购物者营销计划。

像迪克西纸杯这样的品牌真的需要进行数据管理才能取得成功吗？

　　除了为获得优惠券而注册账号或访问迪克西网站的少数人群外，乔治亚—太平洋公司对迪克西纸杯客户的了解相对较少。像其他所有大型消费品公司一样，乔治亚—太平洋公司也采用了IRI（一家国际领先的服务提供商）和尼尔森等公司的市场调查和监测结果。乔治亚—太平洋公司对买方角色、自身的市场份额和市场竞争格局具有非常透彻且深入的看法。但当涉及现有客户和潜在客户的在线数据时，可收集的资料就不多了。凯特的团队已经在数据管理方面进行了一些早期试验，但是她和团队正在从头开始构建解决方案，试图将乔治亚—太平洋品牌广告的魔力与现代消费者的粒度数据联系起来。

　　乔治亚—太平洋公司最近开始深化数字合作伙伴关系，并与梅雷迪思达成了一项协议。正如前文所述，梅雷迪思是一家知名的女性消费杂志出版商，旗下拥有《美好家园》《父母世界》等刊物，以及菜谱网站AllRecipes.com。①一场以Vanity Fair餐巾纸为中心的"清理餐桌"活动，为那些希望有更多家庭聚餐活动的忙碌妈妈们提供了很棒的创意。对于那些讨厌出现就餐期间使用手机现象的妈妈们，以及那些似乎从来没有时间坐下来吃家庭晚餐的孩子们来说，这项计划颇有吸引力。妈妈们会在推特和其他社交网站上以"清理餐桌"为话题标签发布信息，乔治亚—太平洋公司也会在其Pinterest（图片社交网站）页面上发布一些有关便捷家庭用餐的小技巧。乔治亚—太平洋公司利用了数字技术的创造性，制作了大量优质内容，引起了为家庭购物的父母亲的共鸣。

　　在与我们的讨论结束后，杜威站了起来，对房间里的所有人说道："我们必须抓住这个机会，将创造性的模式与新的营销策略联系起来。"

---

① http://adage.com/article/cmo-strategy/georgia-pacific-taps-meredith-1-400-pieces-conent/300889/.

他简洁地阐明了当前所面临的挑战。即使逐步执行本地创意推送，与领先的数字出版商开展深入合作，积极接纳新社交平台，乔治亚—太平洋公司仍然需要一种技术基础架构，来管理这些渠道中的人员，培养他们处理身份信息的能力，以支持其绩效测评工作。

与拥有丰富翔实、精准确定用户数据（使用电子邮件、手机号码或地址注册并开始与品牌建立个人关系的用户）的 Cars.com（汽车网站）或 Hotels.com（酒店网站）不同，乔治亚—太平洋公司的客户关系管理记录相对较少，而和大多数快速消费品公司一样，它与在零售端购买其产品的绝大多数客户还有一定距离。乔治亚—太平洋公司所做的就是向可寻址的媒体投入数百万美元，从中收集数据信号，将其与消费者联系起来。这些匿名客户的每次点击、视频观看和社交互动均可提供更丰富的客户资料。换句话说，乔治亚—太平洋公司正面临原则 2 的处境：尽管该公司的数据没有自己预想的那么多，但它拥有大量可进行梳理的数据。

凯特和杜威有意无意地采用了原则 1 和原则 3，并将他们的理念灌输给整个团队。为了让营销方式更科学，杜威和他的团队需要做科学家所做的事情：他们需要运用事实、数据和逻辑，建立起自己公司的消费者新理论。这些消费者就像超级对撞机中的亚原子粒子一样，行踪飘忽不定。杜威他们与优秀的科学家一样，也需要新的设备来监测自己想要了解的现象，快速启动并展开新的试验，捕获所产生的数据。为此，他们决定投资并掌握这个被称为数据管理平台的新设备。

数据输入：数据可能来自任何地方

尽管数据管理平台已经存在了很长时间，但其最初主要是被大型媒体用于将在线受众变现。2014 年之前，只有成熟的营销商才会采用数据管理平台，它们代表了这款软件最初的市场。我们遇到的营销商均对数据管理平台有足够的认识，并对我们可以帮助它们解决的一些基本问题感到非常好奇，他们迫切地想了解具体情况，但是很少会认识到数据可以全方位地改变企业。

而促使营销商认识到这一点的通常是我们拿起记号笔，开始绘制数据营销商实际拥有的内容：如何收集、存储数据并提供给合作伙伴。我们称之为星球大战"TIE 战斗机"图纸，因为图纸绘制好后，看起来像是电影《星球大战》中的 TIE 式星际战斗机：左侧的"机翼"包含进入系统的每个消费者的所有数据；圆形的"机舱"代表独立消费者；右侧"机翼"唤起我们能够发送数据的所有广告推送系统，为同一消费者创造更多宝贵体验。如图 3.2 所示。

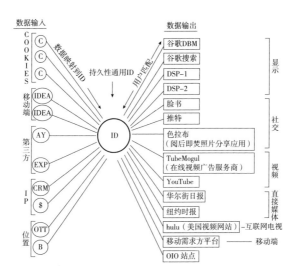

注：数据管理平台接收各种不同的数据，将其与对应于每个用户的单一 ID 关联，然后将指令发送到广告推送平台，进行个性化设置。"TIE 战斗机"图纸体现了营销商身份挑战的复杂性和数据管理平台的核心功能。

图3.2 数据管理平台

左侧"机翼"包括营销商收集的用户数据，以及利用这些数据了解消费者的所有不同方式：在线 cookie 数据、移动 ID、信标信号、合作伙伴的第二手和第三方 ID，甚至匿名的客户管理信息和销售数据。在数据管理技术出现之前，营销商将一个人理解为几十个 ID 的集合：来自多个浏览器和计算机的 cookie 数据、来自电话和平板电脑的移动 ID，以及来自各个数据供应商的不同合作伙伴 ID。

cookie：获取用户数据新路径

对于营销商，尤其是那些客户关系管理数据有限的营销商来说，每一个信号都很重要。正如第一章所述，互联网的出现为理解消费者行为开辟了令人兴奋的新路径。通过 cookie[①] 跟踪用户的能力开始为营销商提供有关客户兴趣和浏览习惯的新数据。过去，营销商依靠基于调查和专门小组进行细分，现在则开始根据用户的在线行为对其进行细致了解，根据用户访问的网站环境创建用户角色。

随着通过在线标签和事件像素[②] 获取更多用户数据的能力不断增强，媒体和营销商能够通过某人是否喜欢某个网站或某篇文章、共享某个页面或广告互动等信息，增强对网站环境的了解。现在，真正的在线意向数据使营销商能够逐步根据用户的参与度对其进行评分。浏览网站时间较长的用户，将被认为是更有价值的；完整观看在线视频的用户则被解读为有更强烈的购买意向，因此也更有价值。

随着营销商开始接受广告服务技术，它们逐渐从依赖媒体合作

---

① https://www.consumer.ftc.gov/articles/0042-online-tracking# understanding_cookies.

② http://digitalmarketing-glossary.com/What-is-Pixel-tracking-definition.

伙伴获取数据，转变为收集自己的广告效果数据，从而可以跟踪广告效果，包括广告出现次数、点击量，以及视频参与度指标等，例如，观看和了解广告的时间。互联网承诺承担更大的责任，提供近乎实时的分析能力，并能够根据结果优化推广活动。广告效果数据最初由媒体提供，之后则由营销商自己的广告投放报告提供。如今，随着营销商在数据基础架构上进行投资，广告效果数据可以逐渐与 cookie 等在线 ID 进行匹配，并与其他数据相结合，形成更丰富的广告推广效果图。

智能手机与移动数据

　　智能手机的出现，使营销商能够获得更丰富的用户意向信息。20 世纪 90 年代以来，营销商一直在吹捧"移动年"，这是有充分理由的。[①] 移动电话堪称神奇的营销数据设备，使营销商对用户的位置、海拔、运动、天气以及与应用程序的交互等情况有了更多的了解。宝洁等大型营销商使用"真相时刻"[②]这样的词汇来描述在货架边犹豫不决的消费者是如何选择宝洁的产品而不是其他品牌产品的，并且不断研究推动这一购买行为的决定因素。

　　如今，连接客户和商店货架的通常是可以上网的智能手机，用户可以用智能手机查看产品的评论、客户意见、价格和评分等。人们经常用手机扫描杂货店的商品，查看详细信息。在百思买，人们经常会在购买电视之前浏览产品评论，这种做法被称为"先逛店后

① http://www.forbes.com/sites/kimberlywhitler/2014/02/06/is-2014-finally-the-year-of-mobile/#6ecb0b583e0c.

② https://en.wikipedia.org/wiki/Moment_of_Truth_(marketing).

网购"。[1] 品牌知名度和产品可用性是影响"真相时刻"的两个主要因素，现在这种观点仍然是正确的，但这种影响相较以往任何时候都更弱了。营销商现在需要提高品牌知名度，在实体店和网店中保持较高可用性，提供近乎完美的性价比，并在成百上千名消费者可获取品牌相关信息的地方进行推广。

手机产生的数据无疑是最强大的。手机不仅可以显示用户位置，还可以显示用户与哪些应用程序进行了交互。移动支付的出现可以使营销商获得真实的购买数据，帮助它们进行归因"闭环"，比如：脸书上的推广活动是否真正发挥作用。营销商可以将在线cookie链接到苹果公司的广告ID（即IDFA，苹果系统独有的广告标识符），[2] 也可以了解他们的客户如何通过各种设备参与进来，然后就可以据此设计营销方案了。

第三方数据

随着在线cookie标识符池的规模不断扩大，公司开始对数据进行细分，并出售给有定位目标用户需求的客户。如第二章所述，这些现成的受众数据集被称为第三方数据。第三方数据种类繁多，大多数营销商都用它来增强目标用户定位或扩大覆盖面。由于很难从一个全新的网站用户那里了解更多信息，因此媒体和营销商会选用第三方数据来获得更多的用户信息。

被出售的常见数据包括年龄和性别，但实际上对数据的选择

---

[1]　https://www.shopify.com/retail/119920451-consumers-are-showrooming-and-webrooming-your-business-heres-what-that-means-and-what-you-can-do-about-it.

[2]　https://apsalar.com/2015/06/all-about-idfa/.

方向是无穷无尽的。图 3.3 为一家数据服务商 ACXIOM 的数据选择范例。如图所示，ACXIOM 公司为客户提供了多种选择：位置、行为、财务情况、人口统计数据、生活方式和购买行为数据。有些数据服务商提供心理数据集，声称可以据此推断用户性格和政治信仰，也有些汽车数据供应商可以预测用户可能租用的汽车类型，甚至还有些数据服务商可以判断出用户喜欢哪种卫生纸。

注：有数十个服务商和数以万计的可用细分市场，这里按不同的分类法对其进行了分组。

图3.3　Salesforce数据管理平台的细分菜单截图

有了这种可用性，营销商开始使用相对有限的网站数据，并将其与益博睿等数据服务商的收入数据、尼尔森的专业人口统计数据相结合，确定"郊区达人"，以及针对指定市场区域（DMA，营销商可以通过电视和广播与消费者联系的指定区域）的位置数据，甚至是商店附近的邮政编码。例如，可以将类似欧莱雅的 makeup.com（美妆网站）的访客与第三方数据进行匹配，了解哪些网站用户是家庭收入超过 5 万美元的郊区女性。

社交数据

社交数据是另一个丰富的用户数据的来源。人们不仅可以在脸书之类的网站识别自己的身份，还可以通过其电子邮件地址和手机进行身份验证。神奇的是，他们还会给这类网站提供自己的所有信息：性别、年龄、种族、婚姻状况、受教育程度等。社交数据能告诉我们用户喜欢什么电影，参与什么娱乐活动以及他们的朋友都有谁。大多数用户在讲述自己的政治偏好和观点时，就像说出品牌偏好一样，毫不忌讳。对于营销商来说，这可谓是神奇的用户数据。如今，脸书和照片墙等社交平台将这些数据提供给进行广告投资的营销商，并且只能用于广告。这些社交媒体不允许营销商获取媒体曝光数据，以更好地了解广告推送效果。

围墙花园：独立的受保护的数据

所谓的围墙花园就是数据独立的受保护的环境，目前主要是指谷歌和脸书。像歌曲《加州旅馆》唱的那样，数据可以被输入，但

（几乎）永远无法离开。换句话说，几乎全部的媒体新增资金都将流入这些公司的手中，而传统媒体公司和较小的媒体公司则只能争夺剩余约4%的份额。我们认为，随着其电子商务广告投放量的增加，亚马逊也会在投入媒体行业的新增资金中占据巨大的份额。

为什么这些平台如此强大？因为它们可以访问用户数据。脸书、谷歌和亚马逊占据了近10%的现代数字体验市场份额。由于对数据管理进行了巨额投资，他们能够获取并利用消费者遗留的所有数据。脸书知道我们和我们亲朋好友的所有信息，谷歌实时了解我们感兴趣的内容，而亚马逊确切知道我们想要购买什么以及何时购买。获得此类数据正是营销商的梦想，但出于对其价值观以及用户隐私的考量，这些网站很少泄露用户数据。

有时，脸书会与大型营销商合作伙伴共享部分数据，这一过程证明了脸书对用户隐私的重视程度，并使其收集到的数据更具价值。脸书要求营销商使用从未连接过互联网的笔记本电脑（"干净"的电脑）登录其网站后台，这台笔记本电脑可能装载了一份客户名单。脸书也用类似的"干净"的电脑进入自己的网站后台，其中包含脸书广告推广数据，以及用户看到的广告等。在这两台"干净"的电脑上将数据集合并，广告商就可以看到广告效果的汇总数据，然后清理电脑缓存数据，离开脸书网站后台。[1] 鉴于脸书陷入用户隐私风波，我们很想知道，未来这家公司会与广告商共享多少数据。

---

[1]　https://adexchanger.com/platforms/facebook-shares-audience-data-via-carefully-controlled-clean-rooms/.

客户关系管理与购买数据

要获得最有价值的客户资料，必须先访问存储在客户关系管理数据库中的客户记录。营销商的客户数据（姓名、地址、电话等）可能是其资料库中最宝贵的资产。在数字营销领域，大规模的数据令人垂涎，许多公司都喜欢吹嘘它们经年累月收集到的数十亿匿名客户资料（cookie 或移动设备 ID）。但是，作为了解客户购买意向的工具，10 万条客户关系管理记录远远胜过 100 万个匿名 cookie。

在确定客户意向时，没有什么比客户自己提供的数据更真实可信的。无论你是提供一周免费试用版报纸的高级出版商，还是发送电子邮件提供每日化妆技巧的美容公司，都是如此；"主动上钩"并在线进行身份验证的客户会自动提供各种个人数据和资料。与其他意向信号（点击量、页面访问次数、广告出现次数等）不同，自动提供个人信息的客户是真正宝贵的资产，对此类客户数据可实现更智能、更动态的细分，这是将匿名客户转变为真实客户的关键。

对于在线营销商来说，"确定性"（例如，某人在《华尔街日报》这样的网站上登录并确认自己的身份）信号和"概率性"（使用一种算法推测是同一个人在使用两台不同设备）信号之间存在根本性区别。随着消费者在各种设备上移动和连接，继续进行营销对话的关键在于将设备映射到个人，快速确定其身份并传递相关信息的能力。

生成带有电子邮件地址的确定性在线用户数据的主要方法之一叫作"新用户引导流程"，其工作原理是获取一个电子邮件地址或其他可识别的个人身份数据密钥（例如，邮政地址或电话号码），通过散列法将其匿名化。散列法是指将数据转化为字母和数字字符串，并将其与 cookie 或另一个可寻址的 ID 相匹配。通常，拥有大量电子邮件地址的营销商会与 LiveRamp、Acxiom 和 Neustar（三者皆为数字营销公司）等公司合作，帮助它们将这些电子邮件转换为 cookie。

案例：唐恩都乐以客户关系数据助力提升客户参与度

尽管听起来很简单，但将已知数据集（例如电子邮件）与未知的匿名用户数据（例如 cookie）进行匹配这一设想，只是迈向更大挑战的第一步。我们在第一章中对如何管理一个用户的多重身份进行了概述。在我们第一次与唐恩都乐团队展开对话时，该公司将此挑战视为长期项目的一部分进行应对，意图增强其个性化营销能力。就像科瑞格公司一样，唐恩都乐也在为美国咖啡爱好者的心灵、思想和钱包展开激烈竞争。竞争对手既包括星巴克等高档咖啡连锁店，也有麦当劳等快餐店，后者也在加快发展咖啡业务。

人们习惯在唐恩都乐咖啡店里享用快速早餐或下午茶。如今，这种客户的典型分类依旧正确：要么是"星巴克人"，要么是"唐恩都乐人"，非此即彼，很少有人不属于这两种群体。尽管这种分类在很大程度上是基于连锁店的区域分布，[1] 但毫无疑问，品牌受众之间存在核心差异。[2]

唐恩都乐正面临着原则 2 的悖论：该公司拥有大量的消费者数据，但是数量不足以达成目标。凭借对移动设备和电子邮件数据库的大量

---

[1]　http://www.huffingtonpost.com/2014/03/25/coffee-chains-starbucks-dunkin_n_5006455.html.

[2]　https://civicscience.com/the-huge-differences-between-starbucks-and-dunkin-donuts-coffee-drinkers-part-one/.

访问，唐恩都乐如何摆脱客户关系管理优先的数据策略，加深用户认知，从而大规模地提供一致、快速的用户体验？公司有没有可能利用好客户关系管理数据，令战略效能倍增，提升客户参与度？

自 2006 年以来，唐恩都乐的数字团队一直在更新品牌体验，以跟上快速变化的消费趋势，这项工作在很大程度上聚焦于创造卓越的客户体验。唐恩都乐采取行动与客户建立第一方关系，包括推出新的品牌忠诚度计划——DD Perks（唐恩都乐会员奖励计划）。当我们与唐恩都乐的团队会面时，DD Perks 已拥有上千万活跃用户，这正是手机用户忠诚度策略所带来的。

在应用程序下单的客户直接通过手机付款，避免浪费时间和精力去排队。这些用户经常能够享用免费咖啡，并获得菜单上的特别折扣。唐恩都乐将这款应用程序与其店内销售点系统连接，将应用程序的使用和店内销售捆绑在一起。应用程序将这些数据集结合起来，进行更有效的归因，挖掘更深层次的客户资料。现在，唐恩都乐可以根据客户的频繁选择提供定制菜单，更好地了解咖啡爱好者和茶品爱好者的差异和购买习惯，并通过测试获取新菜单项的相关信息。

这种客户关系管理和数据资产的购买构成了唐恩都乐所采取的匿名网络用户细分策略的基础：真实的客户数据会把冰镇咖啡爱好者和传统咖啡爱好者之间的区别，以及清晨"即拿即走"的上班族和上午在店内饮用的咖啡爱好者之间的区别告诉公司。将这些真实的客户资料与互联网的匿名资料联系起来，可推动唐恩都乐的客户群体在其 500 万已知应用程序用户的基础上发展壮大，使其能够智能地接触到数以千万计的新客户。

位置数据

现代人出门总是机不离身，手机会记录你在哪里、去过哪里、要去哪里、在某个地方待了多久等。对于试图打造完美客户行程的品牌来说，随时了解用户的位置，是向客户提供正确信息的前提。

营销商面临的挑战不仅是要访问这些数据，还要以尊重用户隐私的方式使用它们，并且要让用户能够选择个性化体验的方案。这就是卡彭特诉美国案的核心，该案提出了一个问题，即追踪个人手机定位是否违反了美国宪法第四修正案。[①] 这是一场事关普罗大众的辩论，事实上，许多手机用户并不了解手机应用程序收集用户位置数据的功能。与脸书隐私设置一样，许多用户并未选择禁用手机的定位功能。

全球跟踪系统的出现带来了智能手机运行中的精准定位功能。具有该系统的移动电话对用户的定位精确度非常高。定位最精确的方法是使用全球定位系统软件，装有该软件的手机能够与超过30颗在太空中运行的 GPS 卫星进行通信。我们开车时可以收到分路段行驶方向的信号就证明了这一点，同样，该软件也可以将来自多个卫星的数据组合起来，极为精确地定位和跟踪用户。这项技术并不复杂，只需通过手机信号塔进行位置跟踪就足以满足广告需求。在一个信号塔可识别半径的基础上多增加两个信号塔，就可以在更精确的范围内对用户进行"三角定位"。

这些数据对于力图在商店范围内提供手机优惠券的营销商来说

---

① https://en.wikipedia.org/wiki/Carpenter_v._United_States.

非常有价值，尤其是对于力图证明"买到就是赚到！"这样的广告标语能够吸引人们进店购物的营销商而言，更是如此。那么客户在实际商店中的位置有价值吗？

在过去的几年中，新的硬件和软件使公司用所谓的"信标"收集到更精准的位置数据。信标是微小的硬件设备，它的基本功能是寻找附近的移动设备。当这些设备距离信标足够近时，信标会收集手机ID，并让其所有者知道其设备已被识别。许多商店已开始安装信标，以便与店内用户进行沟通，引导他们购买商品。在美国，大约一半的篮球场使用信标技术来了解人们在一场比赛中去了多少次啤酒店和热狗店。想象一下，像亿滋这样的大型食品营销商要在7-11便利店里促销Velveeta牌芝士时，这些数据将至关重要。

案例：Freckle利用"定位数据"引导足球迷在重大比赛之前购买Velveeta牌芝士

在我们刚开始与信标硬件和软件供应商Freckle的物联网负责人尼尔·斯威尼达成合作时，位置数据的概念就形成了。尼尔在经营加拿大移动广告公司Juice Mobile时，就认识到了移动营销渠道的主导地位。它能够大规模地将广告客户与移动客户联系在一起，并获取营销的位置数据。不管你喜不喜欢，每部手机都设有定位功能，可以记录我们的行踪，并且在启用"定位服务"后，每部手机都可以与信标通信，识别我们的精确位置。

尼尔的一个项目是帮助快速消费品营销商通过位置数据了解客户在商店里的购物习惯，从而更贴近客户。亿滋拥有Velveeta等众多知名快速消费品品牌。与前文讨论过的其他营销商一样，亿滋与在商店购买产品并留下相应数据的消费者有一段距离。Velveeta牌芝士非常适合做玉米片，人们可以在周日下午边看足球比赛边吃，而且在 7–11 等便利店中也很容易买到这种芝士。重大比赛开始之前，球迷都会去便利店买啤酒和零食。啤酒和薯条成了固定搭配，但是如果亿滋可以让这些消费者改变习惯，在看比赛时吃别的零食，比如玉米片，情况会怎样？手机定位数据可以告诉亿滋，消费者愿意走多远去商店购买零食以及他们在哪些商店购买。亿滋可以使用这些数据衡量其移动营销活动成功与否，并将成功的店内购物与顾客接触到的所有其他信息联系起来。

定位数据是破解困局的关键。Freckle 的变革行动从店内信标部署开始。这使 Freckle 能够准确了解购物者在商店内的位置。它们还使用了一种被称作"地理围栏"的技术，利用卫星和手机信号塔的经纬度数据测定指定人员的位置。Freckle 把目标 7–11 便利店 10 英里[①] 范围内的同行都划进了虚拟圈，获取在沃尔玛或当地其他便利店购物的消费者的信息。

Freckle 计划要感应出到达商店附近的消费者，给他们的手机发送优惠券短信（"芝士做玉米片，畅享大赛激情"），引导他们进入商店，观看芝士促销和产品的大型终端机展示，请他们出示可以享受折扣的手机优惠券，连接商店的销售点系统，看看他们是否真的购买了 Velveeta 牌芝士，然后查看他们购买的其他商品（尤其注意他们是否购买了玉米片和番茄酱）。认真解析一下这项计划，就会意识到它有多么雄心勃勃：

1. 亿滋一直在进行实时的即时营销。这种营销策略是否能够吸引已走进一家出售其产品的商店的消费者购买 Velveeta 牌芝士？

2. 它把店内实物展示（传统的购物者营销）与数字营销相结合。

---

① 1 英里 ≈1.609 千米——编者注

这两种营销方式很少交叉使用，相关从业者甚至不会产生交流。

3. 它试图衡量其他商店的真实客流量，了解消费者的购物习惯，并将这些数据与真人数据进行对比，而不仅仅是对比调研数据。

4. 确定消费者是否使用了几分钟前收到的短信优惠券，衡量短信营销活动的效果。

5. 分析消费者的购物篮，查看购买了 Velveeta 牌芝士的消费者购买的其他商品，这些数据对于联合促销很有价值。

6. 查看有多少消费者在店内展示架前驻足观看，并将该数据与购买该产品的人进行关联，由此衡量线下促销效果，这是闭环营销归因的终极目标。

7. 最后一个难题是将店内、移动端和促销活动与客户之前看到的其他数字营销活动和媒体展示推广进行匹配，确认促使他们购买的是展示广告还是 Velveeta 牌玉米片食谱网站。

这其中许多步骤从未被单独成功地执行过，将它们整合起来进行集中式营销活动，堪称营销推广的登峰造极之作。尼尔·斯威尼说："营销商如今要解决的问题与他们多年来一直在努力解决的问题没有任何区别，那就是如何花费最少的广告费引导顾客进行消费。营销商购买的数据都被高度建模，且有滞后性，对正在进行的营销活动毫无意义。但是现在我们有了数据，信标可以告诉我们消费者是否走进了商店，可以将其与广告展示数据结合起来，让我们知道营销投入推动了多少消费行为。这是一种更精确、可操作的方法，可针对归因闭环。

数据输出：将用户数据连接到各个渠道

正如前文所述，一个人有多重身份。"数据输入"旨在将营销商可能看到的用户的所有来源和位置，映射到《星球大战》"TIE 战斗机"中心，转换为"超级个人"（即 ID，见图 3.2）。营销商如果看到与用户相对应的 50 个不同设备 ID 和在线浏览器签名，就要与身处 50 个不同渠道的同一用户进行相似的互动，这就是"数据输出"挑战的核心。

数据管理系统为检测到的每个用户分配一个 ID。例如，为乔·史密斯分配一个 Krux 系统 ID，将其称为 K123（实际的标识符是一长串的大杂烩字符，就像第一章所述的 cookie 标识符一样，简便起见，我们将乔称为"K123"）。K123 是一位高收入的中年男子，住在康涅狄格州，从事金融工作，在郊区买了房，已婚，有两个孩子，信用卡额度很高，信用评分也不错，经常出差，喜欢阅读与近海捕鱼有关的书刊和信息。

大多数营销商都愿意花钱获取 K123 这类用户的个人资料，尤其是那些试图推销信用卡、渔船或户外家具套装的营销商。问题在于，尽管我们将这位互联网匿名用户称为 K123，但他还可能是谷歌系统中的"G234"，推特系统中的"T345"，脸书系统中的"F456"。沿着"TIE 战斗机"的左侧"机翼"映射所有入站标识很重要，当然，管理右侧"机翼"的所有出站标识同样很重要。由于技术簿记的原因，入站和出站标识有时（但不总）是相互对应的。如果没有有序的出站标识映射，就无法控制乔每月收到的消息数量，无法确定这些消息的正确顺序，进而无法了解是哪些渠道促成了这笔价值 1.5 万美元的户外家具套装的交易。因此，要解决消息传递、排序、归因问题，或任何依靠控制和计算消费者接触点制定的互动策略，都要首先解决数据输出问题。

"数据输出"是指智能地将有关用户的数据提供给访问的系统

和来源。这在早期可能很简单，例如将受众群体推送给谷歌和脸书，并将广告推送给目标用户；也可能很复杂，例如将数据连接到多个系统，将消费者从首次观看广告到最终在线购买产品的轨迹进行个性化处理。正如数据输入利用不同的身份来源来妥善细分用户并优化对用户的理解，数据输出也最大限度地利用用户数据优化与动态消费者的沟通和联系。我们通过三个方面说明数据激活的设想：全局交付管理（GDM），潜在相似受众和数据湖导出。

如前文所述，唐恩都乐和华纳兄弟等营销商使用一系列接触点（展示广告、手机广告、视频广告、电子邮件和手机推送之类的消息传递渠道）建立品牌知名度，并将匿名消费者转化为具名消费者。通常，每个渠道和平台都会记录与用户 K123 互动的数量和频率（例如广告观看次数或广告出现次数）。由于所有交互体验都与同一个用户相关，营销商需要控制其在一定时段内收到的消息数量，防止用户对广告产生视觉疲劳。此外，在消费者"转化"后（例如购买产品等营销商试图促成的行为），就不再需要展示同一产品的广告或信息。这种在多个系统控制消息频率的功能被称为全局交付管理。第四章将详细介绍其实际效果。目前，我们只是提出了这个想法。

营销商经常寻求建立所谓的"潜在相似受众"。顾名思义，其目标是从购买产品的种子用户列表开始，根据有可能购买相同产品的种子用户的行为数据，建立更大的用户受众群体。构建潜在相似受众模型后，营销商就可以在任何出站渠道或系统中激活这些相似受众。

越来越多的营销商开始建立数据科学和分析团队，开展专门的分析业务，通过建立内部机器学习模型进行归因、测量和意向分析。经过数据导出，营销商可将导出的数据映射回内部记录系统

（例如客户关系管理系统）。这代表了一种有价值的数据出站激活路径，它不依赖于对消息的控制或计数，而依赖于新的专业意见。

用户匹配

任何激活功能的中心都是一个庞大的用户匹配表（简称匹配表）。这种匹配表有上千万"行"，成百甚至上千"列"。"行"对应单个用户，"列"对应用户访问的不同系统及其数据来源。激活的本质是对表中的条目进行快速查询。

匹配表作为实时、不断更新、始终在线的词典，将 K123 用户转换为 G234 用户、T345 用户、F456 用户，或者转换为"TIE 战斗机"右侧"机翼"的任何其他实体（如图 3.2）。这些代码就是用户的"多重身份"，与每个外部系统识别用户的专有密钥相对应。将激活指令发送到外部系统后，数据管理系统会使用匹配表，查找到与用户对应的合作伙伴系统中的 ID，然后使用合作伙伴用户标识激活所需系统中的数据。值得注意的是，每个系统各自构建了一套簿记。但对于宝贵的身份数据来说，没有所谓的"数据清算中心"，只有由不同数据管理平台托管的一系列数据词典。

对潜在相似用户的搜寻和数据湖的导出，可以在各个系统中使用谷歌云存储、亚马逊网络服务 S3（简单存储服务）等批量处理数据传输机制来进行。这些数据集的大小取决于要激活的段数和要导出的数据粒度，可达数百 GB 或 TB。因此，批量数据传输（要预先安排，不是分批而是整体执行）是将大量数据通过互联网从一个系统传输到另一个系统的最佳方式。

与潜在相似受众和数据湖导出（涉及将大数据集从数据管理平

台传输到出站系统）不同，全局交付管理利用数据管理平台维护的同一张匹配表，几乎可以实时将数据传输到出站系统（接收系统不一定会实时更新，下一章将对此展开详细讨论）。除了需要实时数据处理基础架构外，该技术还要求数据管理平台将匹配表和各种广告出现次数存储在实时键值数据存储库中。

　　一旦某个机构在单一系统中收集到极有价值的用户数据，下一步的工作就是让数据发挥实际作用。数据输出是实现这一目标的主要手段，也是现代营销决策的关键一环。没有数据输出，数据管理生成的结果就只能满足好奇心，而无法转化为实际价值。一旦构建起数据输入和数据输出的基础，一家公司就具备了开发数据驱动营销的五大动力来源。

数据驱动型营销的五大动力来源

最近的一项研究估计,《财富》世界 500 强企业中, 有近一半已经授权一个数据管理平台管理其数据, 另一半则正在落实这一计划。[①] 对于使用者而言, 这些新技术的涌现代表着新的举措和新的实践。我们很欣慰地看到, 世界上许多最具开拓性的公司都在使用新的数据驱动技术来实现他们的设计师从未预料甚至无法想象的事情。根据实地研究, 我们确定了五种通用模式。这些模式可以给企业带来超高的回报, 并且在各个部门和行业中可靠地重复出现。我们称之为数据驱动型营销的五大动力来源(见图 4.1)。这些来源分别是:

- 细分(适合的用户)。良好的受众数据可以精确细分用户, 并提高与受众联系的精准度。

- 激活(适合的地方)。与合作伙伴匹配数据并连接到各

<hr>

① https://adexchanger.com/data-exchanges/dmp-adoption-rise-challenges-remain.

个系统的能力，使营销商能够在每个可寻址的接触点与
消费者进行交互。

- 个性化（适合的消息）。定制网站内容交付（站点端优
  化）、搜索广告或展示广告（动态创意优化），使营销
  商能够针对各个用户群施行有效的措施，从而提升推广
  效果。

- 优化（适合的时机）。为每个消费者提供最佳的消息数
  量和频率，使营销商可以获得更好的投入效果。

- 洞见（适合的想法）。更好地了解客户想要什么，什么
  时候需要，以及如何推动良性循环不断向前发展。

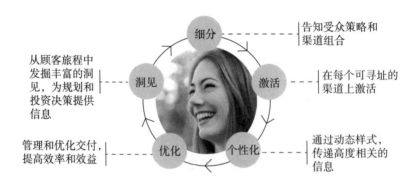

注：所有的数据策略都可以影响跨渠道营销的各个阶段；这是一个自我更新的周
期，在这一过程中洞见推动了持续的优化。

图4.1　数据驱动型营销的价值来源

自 20 年前第一个横幅广告被投放以来，从细分到洞见（分析）的价值循环，一直是不断进取的营销商的目标。今天，营销商成功地落实了这一愿景。在本章我们将介绍一批全球最智能的数据驱动品牌是如何利用这一框架推动客户营销取得成功的。

细分："射中靶心"的用户数据

几年前，我们与喜力公司美国营销小组的创新团队合作。其全球媒体总监罗恩·阿姆兰努力将公司带入数字世界。喜力加大对在线视频的投入，确定了推动这家拥有 153 年历史的啤酒公司转型所需的技术。喜力公司努力与年轻消费者互动，因为这些消费者越来越青睐精酿啤酒，不再购买喜力和多瑟瑰等高端大品牌。[1] 喜力希望构建一个包括数据软件、媒体购买、营销协调和分析工具在内的系统，组成一套直接与消费者互动的技术。[2]

喜力刚与奥多比旗下的 TubeMogul 确立合作关系，[3] 就开始将营销预算从传统渠道转移到在线视频，把更多精力投入了在线视频。TubeMogul 是一家广告技术公司，也是创新在线视频平台，可以将喜力的卓越创意推送给很少观看广播电视但经常观看在线视频的观众。为了落实这项战略，要对多个数据管理平台进行测试，部署更加深入的分析技术，以便更好地对客户群进行细分。我们启动了一

---

[1] http://www.cnbc.com/2014/11/07/why-those-elitist-millennials-hate-big-beer.html.

[2] http://chiefmartec.com/2015/06/21-marketing-technology-stacks-shared-stackies-awards/.

[3] https://www.tubemogul.com/press-releases/press-heineken-usa-names-tubemogul-exclusive-partner/.

个概念验证项目，侧重从多个站点和媒体推广活动中收集数据。

在考虑细分时，我们通常锚定以下归因：网站访问（谁曾经浏览过喜力官网），过往购买行为（谁曾经喝过喜力啤酒）和背景信号（这些潜在的喜力消费者喜欢购买什么产品）。大多数消费品公司都围绕自己的品牌创建了多个角色：痴迷淡啤酒的"啤酒发烧友"，很少喝酒但每次喝都有美食佐酒的"精酿啤酒爱好者"等。

阿姆兰对喜力的发展有很长远的规划。他在跟我们交流时表示，这要归功于公司对消费者啤酒饮用习惯的研究，和对用户喜欢的品牌以及口感偏好的了解。喜力拥有三种不同的用户，它需要为这些用户制定有针对性的吸引策略：

- 主流品牌客户。这些客户随时可能摒弃喜力，转向百威和美乐等主流大众品牌。也许他们与朋友聚会时会购买喜力啤酒，但在日常生活中很可能购买其他品牌的啤酒。

- 精酿啤酒客户。这些客户都是喜欢精酿啤酒的时髦人士和美食家，并且一直想尝试一种新的精酿啤酒。这些人迷恋品尝啤酒的体验，关注新的啤酒文化及不同的啤酒花，如印度淡色爱尔啤酒、烈性黑啤酒和充满生活情趣的时令啤酒。他们可能会认为喜力啤酒属于批量生产的产品，有可能将喜力从他们的购物清单中完全剔除。

- 忠实客户。这些"铁杆粉丝"是喜力的核心消费群体，他们与一个或多个品牌关系密切，感情深厚。这些用户经常前往欧洲旅行，他们在海外差旅时常常怀念喜力品牌。这些用户中不乏国际足球迷,观看足球比赛时少不了借助喜力啤酒宣泄激情。还有一些用户是拉丁裔美国人和非裔美国人。喜力需要与这一细分市场的用户进行对话,利用信息使他们对喜力品牌充满热情,从而强化他们的偏好,令其与品牌进行深度互动。

尽管对其细分研究的看法有点简单化(其数据充斥着有关竞争品牌的深刻洞见,包括顾客的烈性酒消费情况、种族、收入水平等),但这起码是个起点,可借此构筑更宏大的框架。我们帮助喜力公司采用了这一核心框架,并添加了各种网站数据、第三方行为数据和媒体数据来充实它,从而使其可以定位并分析数百个额外的、更粒度化的细分市场用户。

然而,即使经过充实,这种对喜力消费者的看法仍是极为静态的。牢记原则 1:树立"动态人"观念,也就是说,啤酒的忠实爱好者并不适用这种简单、草率的分类。一个人完全可能今天下午还在观看足球比赛时喝着喜力淡啤,在第二天就走进一家夜总会畅快地喝起了多瑟瑰。生活充满变化。你和朋友们观看"超级碗"比赛时畅饮的狂欢啤酒是一回事;你喜欢在高档酒吧喝啤酒,又是另一回事。

几个月后,我们与喜力美国首席执行官罗纳德·登·埃尔岑及首席营销官努诺·特莱斯共进晚餐。当时他们正在硅谷访问,与技术合作伙伴会面。罗纳德从西服外套的内袋掏出一张折叠得整整齐齐的纸,然后小心地展开。他说:"这是我呈报董事会的一份报告。"然后他向我们展示了一个清晰的电子表格,接着说:"这是一份内部销售报告,显示了我们按地区划分的酒吧和餐馆的销售份额。这是我可以展示的工作情况报告,可以用来快速评估我们在这一关键渠道与竞争对手相比成效如何。"这是一个深刻的洞见。针对业务的某个方面提供每周工作情况报告是使罗纳德和他的团队夜不能寐的许多 KPI（关键绩效指标）之一。餐馆中的每位啤酒饮用者都有自己的选择，喜力品牌和同行在热门场所博弈后的销量是衡量其营销成效的有效方法。

第二天，罗纳德进行了白板演示，说明喜力公司对美国可寻址市场的看法（见图 4.2）。罗纳德在白板上画了一个大圆圈，解释说："这就是我们看待美国市场机会的方式。这里约有 3.2 亿人。"然后他又在里面画了一个圆圈，说："其中约有 1.4 亿是成年人，也就是我们所说的'符合法定饮酒年龄'的人，他们都是喜力啤酒的潜在客户。"他接着在里面画了第三个更小的圆圈，然后说："这个圆圈代表饮酒人群，约有 9 000 万。他们可能喝啤酒，也可能喝葡萄酒或白酒，甚至可能三种都喝。"

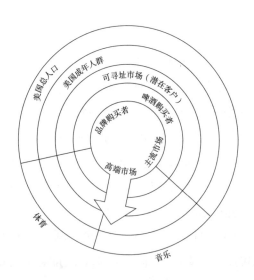

图4.2　喜力公司受众市场示意图

当罗纳德将圆圈缩小到代表喜力整个潜在市场的圈层时，他的情绪有些激昂。"下一个圆圈是啤酒品类饮用者，约有 6 000 万人购买和饮用啤酒，饮用频率足以使其成为品类购买者。"然后，他画了最后一个圆圈——靶心。"最中心的圆圈是喜力啤酒购买者，在美国约有 1 800 万~2 000 万人购买并喜爱我们的品牌。① 你们能帮我找到这些人以及其他类似的受众吗？"

罗纳德认为喜力面临的第一个挑战就是，将喜力的消费者范围从目前的小圆圈扩大到代表啤酒品类购买者的第二个圆层，从竞争品牌那里攫取市场份额。只要是喝啤酒的人，喜力就想跟他们接触、对话。喜力想进一步了解第二个圈层中的受众群体。他们是谁？喜欢喝什么？他们是精酿啤酒爱好者还是主流啤酒爱好者？他们对喜力品牌的接受程度如何？喜力希望采用一种激进的战略，深入每个消费阵营，并开始在商店、自身经营场所以及酒吧和餐馆中开展促销活动。

喜力面临的第二个挑战是创造性的执行力。应该向其他啤酒品类购买者和更多符合法定饮酒年龄的饮酒者传达什么信息？喜力是一个全球性品牌，赞助了大量运动项目。这些人是不是国际足球迷？（喜力公司赞助的大型运动项目和组织包括国际冠军杯、美国职业足球大联盟② 以及国际足联③。）他们是否喜欢电子舞曲？喜力公司赞助了全球 EDM（电子舞曲）音乐会巡演，以此吸引"千禧

---

① http://marketrealist.com/2015/03/competitive-forces-rules-us-beer-industry/.

② http://thefieldsofgreen.com/2014/11/20/heineken-signs-seven-mls-team-sponsorship-deals/.

③ http://www.internationalchampionscup.com/articles/pr-heineken-continues-to-build-global-soccer-presence-as-presenting-sponsor-of-international-champions-cup#tea8p TVIIywzb2FW.97.

一代"。① 一般市场客户情况如何？他们是否接受喜力代言人——知名影视演员尼尔·帕特里克·哈里斯？②

罗纳德希望凭借创意推送来区分数据，针对那些可能对不同运动项目感兴趣的人进行分析，发现其中的市场机会。具体包括以下几个方面：

• 美国有多少人喝啤酒？

• 除了喜力，他们还喝什么牌子的啤酒？

• 喜力如何找到这些消费者？

• 喜力如何在预算和投入有限的情况下吸引那些钟爱其他
  品牌的消费者？

喜力正在将原则3付诸实践。但我们无从得知喜力潜在客户和忠实粉丝的确切人数。喜力啤酒的市场份额也不是很稳定，消费者的口味和喜好就像天气，变来变去，没有定数。这些只是中等程度的复杂因素，当然不足以阻止喜力啤酒实现其核心目标：根据现有数据开发最佳的可行理论，并以此为基础对总体市场机会进行评估。

---

① http://www.sponsorship.com/IEGSR/2015/03/30/Inside-Heineken-s--Dance-More,-
  Drink-Slow-Campaig.aspx.

② http://www.huffingtonpost.com/2014/07/17/neil-patrick-harris-heineken-light-_
  n_5596598.html.

调查数据可为第一个问题提供可靠的答案，确定美国每月有多少家庭喝啤酒。这为整个可寻址市场报告确立了初始标准。市场上有约 4 000 万潜在的啤酒消费者，还有多达 3 000 万的其他酒类消费者，只要稍加引导，完全有可能培养这些人对啤酒产生更大兴趣，成为啤酒的常规用户。

对于喜力啤酒来说，第二个问题更难回答，因为它不是直接向消费者出售啤酒，而是向超市、批发商和分销商批发销售。诸如 Datalogix、IRI 和尼尔森之类的数据服务公司从超市购买数据，或以问卷调查的方式了解消费者的品牌偏好和实际的购买行为，然后汇总数据并将其出售给喜力等大品牌。喜力与其他所有消费品公司一样，主要买家都是零售商，与最终消费者之间的数据连接不够紧密。

当我们明白需要用真实的消费者购买数据来撰写报告后，就与 IRI 建立了联系，希望深入了解哪些消费者观看过喜力广告，以及他们喝哪些品牌的啤酒。[①] 我们将每个客户的"品牌库"组合在一起，映射到初始购买研究模型中。喜力啤酒消费者偶尔会喝其他品牌的啤酒。有些喜力啤酒消费者也爱喝三姆啤酒和时代啤酒等高端大众品牌啤酒，还有一些消费者只喝百威昕蓝或美乐等大众品牌的啤酒。但在休闲娱乐时这些消费者还是会购买喜力啤酒，认为它是"派对啤酒"。

最后，我们需要调和这些消费者的偏好，同时要认识到同一消费者可以轻松地从一个细分群体进入另一细分群体，这与原则 1 一致。是针对不同品牌组合中的消费者偏好进行推广，还是仅采用面向一般消费者的尼尔·帕特里克·哈里斯（或其他代言人）创意广

---

① https://www.iriworldwide.com/en-US/solutions/consumer-and-shopper-intelligence.

告推送？我们需要根据不同的第二手数据和第三方数据集挖掘消费者行为，确定喜力的潜在影响范围，然后由媒体合作伙伴对其进行区分。一旦有了这些数据，我们就可以整合构建出一个整体的市场机会图，了解喜力数字媒体营销将取得什么样的成效。

这种方法为想知道如何对数据进行有效细分的品牌构建了一个可持续性框架。像所有的重大进步一样，这种方法建立在一个非常简单的概念之上：告诉我可以接触到多少人，我在与哪些品牌竞争，我可以做什么来吸引消费者。最大的挑战是汇总数据，并将其整合到喜力的营销系统中，以及在可寻址的领域建立与这些客户的联系。

案例：好时的数据魔法之吻

密尔顿·赫尔希于1894年成立好时公司。他当时肯定无法想象，100多年后的2018年，好时公司会在以消费者为导向的环境中面临复杂的挑战。好时公司拥有庞大的业务组合，包括数十种全球最受欢迎的巧克力和糖果品牌，还有举世闻名的游乐园和零售店，每天购买好时食品的消费者多达上千万。但即使好时公司拥有庞大的忠实客户群，也无法避免消费者行为的改变，也要依赖零售商的销售，依赖大众广告去触达越来越难寻找的消费者。

好时公司媒体与综合传播总监查利·查普尔表示："2012年我加入好时公司时，我们主要针对渗透性很强的产品品类开展活动，包括众多知名品牌。我们能够使用传统的大众媒介工具非常有效地直接影响顾客，把糖果直接送进'每个人的嘴巴'。没有必要投入时间、金钱和精力精准定位客户群。当时我们看到，某些消费品公司有些'矫枉过正'，过于追求精准营销，反而损害了他们的利益。"

以前，好时公司依赖零售商进行销售，并且当时依赖电视和平面媒体等大众传播渠道进行的品牌营销非常有效。但随着时间的推移，消费者不断将时间和注意力转移到各种在线渠道，公司收益逐年下降。查普尔说："2014年前后，我们意识到人们的媒体消费习惯发生了很大改变，影响到了传统媒体覆盖客户的能力。我们开始了解哪些数字渠道是有效的，哪些是无效的。我们尝试了更精准的目标定位，也经历了许多挑战，包括选择正确的数据集构建细分市场。我们清楚地认识到，为了长期竞争，我们必须开发和建立自己的大数据。"

但是，如何实现这一目标呢？好时公司面临着和华纳兄弟公司、家乐氏公司以及许多其他现代营销商所面临的相同的困境。上千万人在零售商店购买好时的Kisses巧克力，根本无须提供好时公司需要的电子邮件或其他信息。实际上，与好时公司相比，零售商掌握的数据更多。查普尔说："就像我们所在领域的其他公司一样，我们拥有的第一手数据极为有限，并且因为我们无法控制零售渠道，所以无法将媒体展示与销售联系起来。但我们必须突破这种障碍，力求解决问题。"

好时团队求助了艾希莉·卡莱尔领导的消费者洞察小组，开始由媒体伙伴"手把手"教学，进入数据管理平台进行细分和分析，了解哪些类型的第三方数据可被用于定位潜在的巧克力消费者。显然，仅依靠现成的定位数据远远不够。好时公司需要从公司内部挖掘更多数据，着手获取有价值的购买行为数据。

查普尔说："当务之急是要打破好时公司内部孤军作战的局面，在公司内部将我们正在构建的数据和集体知识进行交叉传播。"于是他的团队开始整合公司内部的所有数据。"我们发现，我们所拥有的数据比原先想象的要多得多。我们制作了一个内部分析工具，生成用于定位受众的品牌配置文件。借助这一工具，我们分析了消费者购买行为、竞争重叠、思维和背景、行为和心理数据。"这就形成了一种新的客户维系和购买策略，锚定了喜欢好时公司品牌的家庭，也锚定了喜欢竞争对手产品的家庭。这与喜力啤酒的策略如出一辙。

好时公司执着于关注第一手数据暴露出的差距，例如过分依赖年龄和人口统计进行消费者定位，来寻找潜在的巨大机会。好时公司与可寻址媒体和技术总监文森特·里纳尔迪合作，开始挖掘以前未在媒体实践中使用过的有价值的数据集。

例如，该公司进行了一项问卷调查，结果显示，说好时的 Kisses 巧克力是自己最青睐的包裹类巧克力的消费者，访问好时公园的概率是其他人的三倍。

里纳尔迪说："我们的姐妹机构——好时娱乐度假村设有一个游乐园、若干酒店和餐厅，可获取大量的数据。我们正致力于让两家公司达成一项数据共享协议，建立第一手的确定性分析，以备将来进行媒体购买所用。我们也正在开发数据存储和收集的基础架构，努力建立真正一对一面向消费者的策略。以受众为导向的策略将从核心消费者开始，其余的自然会水到渠成。"

通过采用新的第一手数据策略，好时公司已将原则 2 的动力内化并付诸实践。一开始，好时公司谦卑地认识到自己的数据量不够满足需要，后来又幡然醒悟，意识到大量数据唾手可得。由此，好时公司迅速整合了所需的资产，采用了更灵活的动态细分方法。当然，同样重要的是，好时在早期就借助合作伙伴关系扩展数据，对零售用户有了更深入的了解。

激活：利用所有可寻址渠道寻找客户

营销商一旦开发了适合的细分群体，建立了更粒度化、更动态的视图，就要想方设法找到这些用户，向他们提供完美的品牌体验。鉴于以下几个原因，要做到这一点很不容易。

首先，消费者使用的可寻址渠道数量激增。人们的时间越来越碎片化，花费在手机、社交媒体、台式电脑和电视这些渠道上的时间都越来越少。即使营销商确切地知道用户是谁，也需要绞尽脑汁，实时地找到他们。其次，想要设法找到用户，就需要定位他们正在使用的特定设备。如果将台式电脑上的展示广告放在移动设备上，看起来就很小也很费力，而且，如果不是针对特定的操作系统或手机设计的广告，推送路径就会不畅通。最后，必须直接与投放广告的媒体伙伴建立联系。如果有人买了一箱啤酒来举办星期五晚上的聚会，并且在NBA 官网浏览篮球新闻，那么喜力必须能够将这个数据与这家网站联系起来。由此可见，要吸引消费者买啤酒，需要做大量技术工作。

过去，百威公司只要推出一只有趣的代言狗（一只名为"Spuds MacKenzie"的牛头梗），[1] 或者投放一段会说话的青蛙的广告，[2] 就足以吸引人们关注昕蓝啤酒。如今则需要针对不同渠道树立品牌形象、讲述品牌故事，还要根据各渠道用户可能在线的时间做宣传推广。但是，在这个细分为无数个可寻址渠道的网络世界中，如何发现对品牌有强烈购买欲望的潜在消费者呢？

在 Krux 成立之初，我们一直忙于帮助大型媒体公司梳理它们的受众，使它们可以通过销售数字广告赚钱。"受众管理"的概念并不新鲜，在线广告系统多年来一直将受众分门别类，但是媒体公司刚刚开始拥有数据管理技术，并进行内部化，以求摆脱对第三方

---

[1]　http://mentalfloss.com/article/56228/life-death-and-resurrection-spuds-mackenzie-original-party-animal.

[2]　https://www.youtube.com/watch?v=pVcbasIb8lQ.

的依赖。这样做并无不妥，毕竟媒体公司的主要收入来自广告。更粒度化的细分会带来更多差异化的产品；而更多差异化的产品会带来更高的收益。

2010 年，我们与一家大型全球新闻媒体公司进行了一番探讨。这家媒体公司正在寻找一种方法对进入新闻网站的用户进行实时细分，并根据用户访问量确定向营销商收取的具体费用。匿名访客每观看一千次广告，这个网站就可以获利 1.5 美元。但是，如果媒体可以实时确定那些匿名访客是谁，就可以很快将在纽约早上 6:30 使用黑莓手机（当时还是 2010 年）浏览网站商业内容的用户归类为"商业用户"。而这些用户观看每千次广告给媒体带来的收益将高达 10 美元，差不多增长了 7 倍。对于媒体来说，采用这项技术很快就能收回成本。

事实证明，大家都喜欢数据驱动的在线细分的创收策略，而且这一策略至今仍是主要大型网络公司的创收基础。正如我们前面所讨论的，媒体迅速开始采用数据管理技术了解他们的受众，并以更高的价格出售对这些受众的访问权限。我们深谙这项业务，能够帮助各种大型媒体公司实施这一战略，我们的客户包括《纽约时报》、《华尔街日报》、彭博社、《卫报》、高客传媒、联视控股、梅雷迪思、Vice、美国汽车在线销售商 Cars.com、潘多拉、Spotify 等。我们可以"看到"每名访问这些网站的用户，帮助数百家媒体使用数据管理平台判断这些用户是 ETF（交易型开放式指数基金）投资组合阅读者、贾斯汀·比伯的铁杆粉丝还是家庭主妇。

与第三章中的"数据输出"蓝图一致，我们对数百个出站执行系统进行了集成：桌面网站、手机应用程序、视频广告系统、社交渠道（如脸书）、CRM（客户关系管理）、程序化交换等。如今，我们听到了很多关于"实时"的讨论，但现实情况是，网民的移动速度比互联网慢得多，而且大多数系统的实时性广告宣传都是夸大其词。虽然我们有能力近乎实时地传输客户的数据，但许多合作伙伴在数据提取方面的速度实在太慢了。这就像让棒球史上球速最快的投手查普曼在投手土墩上以 105 英里 / 小时的速度投出一记速球，却要在每次投球之间等待 24 小时。这种感觉实在是令人抓狂。

尽管几年前这个问题可能相对来说没那么重要，当时渠道有限，电子商务主要依赖台式电脑，但今天这个问题变得紧迫起来：人们从一个设备快速转移到另一个设备，从一个渠道快速转移到另一个渠道，网民期望他们的在线体验得到实时更新。于是，我们开发了实时细分技术，谷歌和其他合作伙伴可以在数据被创建后的几秒内接收到这些数据段，以使放弃网购行为的网民能够在离开网站几秒后收到定制广告，而其中会显示其正在考虑购买的产品。

激活的核心内涵是不定向瞄准某个具体的人。尽管营销商通常认为，目标定位越精准，媒体营销效果越好，但颇富讽刺意味的是，数据驱动营销的最佳用例之一是阻碍用户浏览广告。某位消费者买鞋、买车或买机票的行为结束后，广告商就没有动力继续向这个人推送广告了。实际上，在已转化用户的身上花费的每一分钱都是在"打水漂"。但是，广告商使用的每个渠道和它的每个合作伙伴都会继续向该用户推送广告，直到该用户的 ID 信息更新，显示其已发生购买行为。在数小时和数天的时间里，购鞋的用户会不断地重复看到自己已购买的那双鞋的广告。

在接下来的 7 年里，我们能看到大量的"流水线"数据，确保像我们这样的系统能够实时处理和更新数据并对数据进行"调整"，这样，执行系统时就可以"捕捉"到我们抛出的数据。我们将在第七章对此展开讨论。

我的用户在哪里?

我们对嘻哈音乐情有独钟,这种偏好也解释了我们第一份数据科学报告中给出的一个非传统名称:WAMPA(受众发现报告)。这五个字母是"WHERE ARE MY PEOPLE AT"(我们要找的人在哪里)的缩写。所谓的 WAMPA 报告是应客户的要求而创建的,这些客户需要一种将具名用户的上网时间可视化的方法。每个月,我们与合作的媒体都会捕获多达 40 亿位在线网民及其专有设备的信息。如果获得他们的许可,我们就可以随时向欧莱雅美国公司这样的营销商显示其网站和应用程序上的化妆品消费者数量。

我们向所有欧莱雅产品购买者展示与我们合作的媒体中具名客户、网站访客和手机应用程序用户的密度。欧莱雅的营销团队可以据此了解哪些网站与欧莱雅的核心受众高度重叠,媒体可以从欧莱雅数据驱动的营销团队和代理商那里获得宝贵的推广机会。在WAMPA 报告中频繁出现的媒体资源将获得更多收益,而那些哪怕稍微出现几次的媒体资源,也比那些根本没有出现过的网站更容易被纳入考虑范围。无论对于欧莱雅,还是对于寻求这家全球第五大营销商的关注和投入的媒体,这份报告都是有利的。

WAMPA 报告最初是一个极客泡泡图,现在它能够为 Salesforce的产品数据工作室提供卓越的数据可视化工具。

该报告中的洞见改变了我们客户的媒体策划。即使在今天,营销商仍在根据调查性指标制定其入市策略,并依赖尼尔森和comScore 这样的测评公司确定哪些媒体资源对某些受众群体的影响力最大。这类似于传统的电视策划,营销商习惯于"演示性购买",

即根据电视节目对18~54岁重要人群的渗透程度，影响其购买决定。[1] 即使在无法准确计算有多少人收看电视的情况下，如此宽泛的测评标准也能使广播和有线电视广告支出达到数十亿美元。（尼尔森小组的工作策略是，将数量很少的机顶盒用户作为样本，调查他们收看的节目，随后该公司根据这些样本推断出美国的收视人数。[2]）

一旦公司可以准确地计算出收看节目的人数，就会改变策略，转而关注他们在网上观看视频或在新闻网站上阅读文章所花费的时间。营销商为什么不要求确切地知道他们在既定时间段可接触的人数以及这些人所在的位置？ WAMPA 可以帮助营销商了解其消费者的去向，而且，在某种程度上，它还能为媒体和媒体合作伙伴带来投资和新机遇。

个性化：利用数据创造良好的客户体验

流媒体播放平台网飞掌握了个性化节目推荐的技巧。在网飞用户观看的影片中，有多达75%来自算法推荐。[3] 亚马逊35%以上的收入来自其推荐引擎推荐商品的销售。[4] 潘多拉公司的音乐基因项目处理了数百个变量，制作了备受赞誉的个性化播放列表，并不断学习，以适应不断变化的用户偏好。[5]

---

[1] https://en.wikipedia.org/wiki/Key_demographic.

[2] https://medium.com/autonomous/you-likely-have-no-idea-how-tv-ratings-work-a-lot-more-people-are-watching-than-you-think-152e51657a5#.gw22wia4u.

[3] http://www.pcmag.com/article2/0,2817,2402739,00.asp.

[4] http://rejoiner.com/resources/amazon-recommendations-secret-selling-online/.

[5] http://computer.howstuffworks.com/internet/basics/pandora.htm.

营销商多年来一直将现有数据用于可寻址的营销，但是现在他们开始挖掘自己的数据，并从通过注册、手机应用程序、媒体展示和网站访问收集到的信息中获取价值，所有这些都是通过数据管理平台实现的。许多营销商仍在使用主要用于可寻址媒体的数据，但收效甚微。但是，通过根据数据调整消费者与品牌互动的方式，有些公司开始提供超出针对展示广告的顾客体验。

个性化的理由很充分。Watermark 集团对弗雷斯特市场咨询公司依据股票累计业绩评定的"领涨股"或"落后股"的公司在客户体验方面的表现进行了研究，得出的结果令人震惊。在标普 500 指数增长 72% 的时间段内，专注于个性化体验的领涨股比市场平均业绩高出 35%，而落后股则比市场平均业绩低了 45%。赢家和输家之间的股价相差近 80%。[1]

此外，最近的一项研究发现，有 89% 的客户一旦对体验不满意就会抛弃品牌。重新吸引流失客户的成本可能是吸引新客户所需成本的 7 倍，[2] 对于希望提高经营业绩的营销商和媒体来说，这样做的风险实在太大了。对于许多公司而言，无论是营销印刷品还是在线订购，无论是推广内容还是销售现成的产品，都很难在公司的首席财务官面前自圆其说，很难证明自己是在让授权的平台收集有价值的数据，并能够使用这些数据改善客户体验，这些工作值得花费高昂的成本。然而，多项对大公司的优先事项的调查结果显示，"创造更多相关客户体验"的愿望不外乎"赚取更多收入"和"增加利润"。为什么会出现这种情况？

---

[1] http://www.watermarkconsult.net/docs/Watermark-Customer-Experience-ROI-Study.pdf.

[2] https://www.jitbit.com/news/bad-customer-service/.

　　答案很简单，客户体验对收入和盈利能力都有巨大影响。为新客户提供合适的体验更有可能赢得客户，为现有客户提供相关体验可以减少客户流失，并创造机会卖出更多产品。如果通过一项计划就能推动营收增加和盈利能力增长，那么大多数首席财务官会选择投资，并将持续这样做，因为结果印证了最初的设想。

　　以快餐店的重度消费者为例。这些顾客每周都要去快餐店用餐几次，并且每次用餐的花费都高于平均水平。QSR（软件服务公司）了解到这些宝贵的客户对公司经营业绩的影响。这些客户提供了一个强大而稳定的收入基准，他们通常是最先尝试新产品、最先响应折扣和优惠券等可以战略性增加短期收入的市场计划的群体。精明的营销商不应满足于出台一项行之有效的措施，然后做个"甩手掌柜"，不应让这个宝贵的细分市场停滞不前，也不应从竞争对手那里寻找新产品的灵感。营销商必须向这些用户展示自身的价值，确保他们保持甚至增加在本店用餐的次数，并设法使他们远离隔壁的汉堡包连锁店。要做到这一点可以很简单，只要提供一张普通客户最喜欢的订单优惠券即可。当然，也可以很复杂，比如开发一款手机应用程序，使顾客可以提前点菜、提前打包或立即取餐。

　　这家餐厅收集了销售点数据，并从手机应用程序中获得经认证的用户注册数据，因此，它现在可以使用最受客户欢迎的订单对客户的订单界面进行个性化，从而缩短用手机订餐的时间。该应用程序可以为经常用餐的顾客提供特殊折扣，以便他们品尝和评价新菜品。在旅途中，该应用程序可推荐其他位置，并通过被普遍使用的地图应用程序界面将客户直接引向免下车窗口。数据推动下一次客户互动的方式，是有无限可能的。营销商和媒体正在迅速利用自己的第一手数据，并将其与功能强大的应用程序相结合。这些应用程序可以优化客户体验、增加利润、减少客户流失并提高生命周期价值。

案例：标致雪铁龙实时定制网站内容，吸引客户试驾

我们初次来到标致雪铁龙集团时，这家汽车公司正努力吸引消费者进入展厅。该公司的年产量排名居全球第九位[①]，最近刚获得10亿欧元的紧急财政拨款，并且计划在退出将近20年之后重返美国市场。[②]该公司在其主要市场——欧洲的营销表现活跃，但经销商的客流量一如往昔，几乎没有任何增加。

我们遇到的一位高管对最近的媒体推广表现大为不满："我们有多个代理商。每次跟他们会面，他们的建议就是花钱！花钱！花钱！因此，我们提高了预算。但是，结果令人失望，只有这些代理商自己赚到了钱。我们的销售业绩依然惨淡。"这是在营销商中司空见惯的怨言，也是标致雪铁龙集团另一位高管的主要关注点。当时我们在科技盛会Dreamforce 2016的会议期间与他会面，讨论标致雪铁龙的数据驱动战略。将营销支出增加与销售业绩提高混为一谈是很自然的想法，但在这个消费者瞬息万变、难以被识别和说服的现代世界，标致心如明镜，要重新唤起人们对其品牌的认同，需要的不仅仅是一味增加推广投入。

标致雪铁龙数字营销团队经理萨米尔·埃尔·哈马米拥有大量网站数据。有些访客来到标致雪铁龙官网浏览库存，使用自定义汽车配置工具寻找车型并设定预算价位，但是这些访客经常还没购买汽车就离开了网站。大多数客户在网站上的"停留时间"减少了，只是匆匆浏览一下就退出了网站。萨米尔认为，更实时地应用用户数据可能能

[①] https://www.fool.com/investing/general/2015/05/31/10-best-car-companies-by-auto-sales.aspx.

[②] https://www.ft.com/content/08c8c462-fa7b-11e5-b3f6-11d5706 b613b.

够让品牌提供更具黏性的网络体验，并最终使更多客户愿意试驾。对于大多数汽车零售商而言，客户亲自拜访经销商是购买意向的最终信号。标致雪铁龙可以说服网站访客前来试驾，并促成购买。

萨米尔如何使用实时用户数据对消费者在手机和网页媒体资源上的体验进行个性化？[1] 萨米尔说："我的目标是捕获和分析网站上的所有互动信息，包括车型、颜色、规格和价格，并将其用来提高登记试驾的消费者数量，我认为这是目前最关键的指标，我们以前从未真正完成过它，因此需要实现一个巨大的飞跃。"

标致雪铁龙面临的挑战是对其独特的粒度化客户进行细分（基于变量组合的 800 多个消费者细分市场），将其与最相关的内容联系在一起，并通过汽车公司的定制内容管理系统即时提供这些体验。这项工作的重点是标致、雪铁龙和 DS 品牌。我们分析了用户在浏览器中的行为、活动和事件，并实时计算了各种特性（品牌、型号、颜色、类型等）的微细分市场和用户偏好。我们面临的挑战之一是速度：在这个时间精确到毫秒而浏览器—服务器往返过程非常耗时的领域，应该如何计算这些信息？我们接受了挑战，迎难而上，将核心亲和力计算模块植入浏览器，并根据用户浏览标致雪铁龙官网内容的频率对其进行定期缓存和更新。

从本质上讲，我们使标致雪铁龙能够"绘制页面"，为屏幕另一端的用户提供完全符合其兴趣的体验。一种被称为"频繁模式分析"的数据挖掘技术可以从非常庞大的数据集中识别出各种模式，在这种情况下，信号和各种特性生成标致雪铁龙公司感兴趣的结果。"频繁模式分析"是对 A/B 测试的重要补充，许多营销商对 A/B 测试耳熟能详，即在对照实验中比较某些网页或广告的效果。在这里，"频繁模式分析"

---

[1] http://www.krux.com/customer-success/case-studies/psa-peugeot-citroen.

使标致雪铁龙公司能够一次性进行多个测试，并减少了所需的创意测试次数，这样公司就可以为用户提供一个范围更窄、更具针对性的选择，提高了交易成功的概率。

优化：可寻址媒体中的寻址效率和效果

媒体上的每个人都喜欢引用约翰·沃纳梅克的名言："我知道我的广告费有一半被浪费了，但遗憾的是，我不知道是哪一半。"[1]可悲的是，即便到了如今的数字媒体时代，沃纳梅克氏这家成立于19世纪中叶的百货公司巨头的情况依然如此，它仍在浪费媒体推广资金，而且浪费的资金之多可能前所未有。

尽管我们有能力在设备和渠道层面评估所有可寻址媒体，但是大多数营销商面临的问题是无法评估营销活动在用户层面的效果。如前文"数据输出"一节所述，如果营销商在特定广告营销活动中使用10个不同的可寻址渠道（例如，2个DSP、3个社交网络、1个电子邮件、1个移动平台、1个搜索引擎和2个直购渠道），那么同一个用户就有10个不同的ID。是的，你可以为每个渠道设置频次控制（或设定上限），但即使将每个合作伙伴的广告推送次数限制为每个用户每月20次，用户每月也得接收200条以上的推广消息。这一数字实在太大了。营销自动化供应商Hubspot于2016年发布的一项研究报告称，有91%的人认为广告比过去几年更具侵入性，令人不胜其烦。[2]如果绝大多数人觉得广告展示过度，想象

---

[1] http://www.quotationspage.com/quote/1992.html.

[2] https://www.hubspot.com/marketing-statistics.

一下，同一个广告，我们向用户推送数百次，情况就会更糟，效果恐怕适得其反！

　　家乐氏公司是最早采用数据管理平台技术的公司之一，也是率先涉猎频次管理领域的公司之一。乔恩·苏亚雷斯·戴维斯说："我们知道数字技术存在效率低下的问题。显然，我们向消费者推送的广告有些过度，而且很明显，我们的大部分广告资金投入都没有获得足够的用户频率，根本无法有效发挥作用。尽管我们对合作伙伴的推送频次设定上限并引入诸如 comScore 等合作伙伴进行测评，但我们知道，如果没有一个可以将用户 ID 链接在一起的身份基础架构，从而实现高粒度化的控制，那我们就无法解决这个问题。"戴维斯让我们谈谈是如何与家乐氏公司的合作伙伴进行用户匹配的，例如雅虎的 Brightroll[①] 视频广告平台。

　　百威英博是快速消费品领域数据管理技术的另一个"吃螃蟹者"，这家公司也面临着同样的问题：要么营销过度，要么营销乏力。百威英博数字策略和创新总监乔尼·西尔伯曼说："对于快速消费品营销商而言，最大的挑战之一是如何控制覆盖范围和频次。我们希望接触尽可能多的消费者，但是必须把握好广告推送频次。广告推送频次过低，消费者可能对我们的品牌毫无印象，但是推送频次过高，也不是什么好事，消费者很可能不胜其烦，对品牌产生抵触厌恶的情绪。进入支离破碎的分散化的数字生态系统后，设定广告推送频次尤为艰难。"

　　如果没有家乐氏和百威英博试图接触的各种设备和网站用户的鸟瞰图，我们根本无法对广告投放进行管控。西尔伯曼解释说：

---

① 　http://finance.yahoo.com/news/kellogg-selects-brightroll-digita-video-160000408.html.

"我们无法真正测定我们在数字环境中向客户推送广告的次数。我们的每个媒体合作伙伴都会采用平均的广告推送频次，但是数据却彼此孤立，形同'孤岛'。例如，如果我们只希望通过百威淡啤'Dilly Dilly'的营销活动每月向消费者推送 8 次广告，那么我们可以将该媒体的频次上限设置为 8 次。到月底，媒体 A 的平均推送频次为 6 次，媒体 B 的平均推送频次为 7 次，媒体 C 的平均推送频次为 5 次。我们自认为做得很好，以最佳的频次最大限度地扩大了客户的接触范围。但是我们大错特错了，一旦我们将多个接触点组合成消费者的单一视图，就会意识到，事实上，我们向同一位消费者推送了 18 次广告，而不是我们预设的 8 次。"

可以看看图 4.3，该图显示了相同广告泛滥成灾时的情况。各行各业的营销商都在为这种变幻莫测的动态性感到困扰。

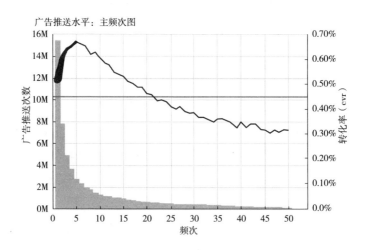

注：图中显示了频次"短尾"（过少）、有效的最佳广告推送频次范围以及由广告推送过于频繁导致的效果降低。

图4.3　广告推送的典型频次分析

2014 年，我们与尼尔森公司[①]合作，部署基础架构支持"DMC II"计划，跟踪"数字媒体联盟"的数字广告，其中包括世界上一些最大的快速消费品公司，例如百威英博、联合利华、百事可乐等。

快速消费品公司非常清楚，即便在数字领域，痴迷于广告推送也会引起效率低下（沃纳梅克 100 年前说过的那句名言依然有效）。他们需要用真实的数据印证自己的怀疑。在跟踪了数亿美元的数字营销支出之后，我们发现了一些诡异的相似之处。

我们观察到的每个频次图几乎都呈现类似的动态：

- 广告推送频次"短尾"，大部分预算花在每月广告推送1~3次的用户上，对于刚接触这一品牌的消费者来说，这种策略固然可行，却无法达到足够的媒体宣传效果，也无法真正推动品牌考虑度或促成购买。这就是对用户营销乏力。

- 另一个极端是广告推送次数"长尾"（过多），超过20次。每个月向用户推送的广告泛滥成灾。在这些多余的广告推送次数上的过度投入导致营销商效率低下，甚至可能削弱品牌影响力。

- 在中间，总有一个与转换率密切相关的频次效果最佳的点（通常每位用户每月接收到3~20次广告推送）。我们根据频次映射广告KPI数据时，发现最高的点击量、完整

[①] http://www.nielsen.com/us/en/press-room/2015/nielsen-and-krux-collaborate-on-multi-touch-attribution-solution.html.

视频广告浏览量和优惠券下载量总是出现在这些广告推
送频次的范围内。

尽管这些数据并不出人意料（当然，营销商将对不同用户设置不
同的频次范围），但弥足珍贵。这是我们第一次真正可以采取针对性
措施。使用数据管理平台的营销商可以指示其合作伙伴停止向用户过
度推送广告，并锁定那些广告推送次数不足、效果不佳的用户。我们
可以帮助营销商深入研究他们的转化数据，并向他们展示转化概率最
大的用户的频次有效点。这种新的控制方式不仅局限于"设定频次上
限"用户，还采用了一种全新的方式思考跨渠道消息的推送并最终获
得最佳效果：适合的消息，适合的地点，适合的时间。

对于百威英博而言，踏出这通往广告推送管理之路的第一步意
义重大。西尔伯曼表示："通过简单地将我们所有的数字媒体宣传
与强大的技术相结合，我们终于可以全面了解消费者了。我们仅在
使用数据管理平台的头几个月，就将广告的过度推送量从37%减
少到22%。一个小小的改变，就改善了消费者体验，并在头几个
月为我们节省了150万美元的广告费。"

在接下来的几个月中，我们与百威英博和家乐氏等客户合作，
为营销商编制了一份营销方法手册，使他们能够对消息推送进行更
细粒度的控制。这种方法遵循四个关键步骤。

步骤 1：确定最有效点

要构建频次图，营销商首先必须确定他们的KPI。对于品牌营销
商来说，有时视频广告的点击量或完整浏览量可以作为品牌考虑度和
参与度的指标。对于快速消费品公司，我们会定期检查优惠券下载之
类（表明消费者对产品的兴趣度）的数据；对于旅游广告商，需要

查看的是特定航班的搜索数据。一旦确定了 KPI，最有效点就会浮出水面：存在一个用户在特定的广告推送次数内参与其中的明确频次范围。KPI 越相关，最有效点就越明显，反之亦然。这是原则 3 发挥作用的一个重要实例。例如，我们在一项大型快速消费品研究中，3 个月内跟踪了数十亿次广告推送，很明显，广告效果在每月广告推送量为 3~20 次之间最佳，超过这一频次，效果将急剧下降（见图 4.4）。

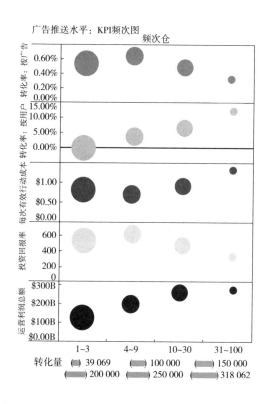

注：在这个典型的频次报告中，我们按频次仓显示了各种 KPI。请注意，每月浏览 3~20 次广告的用户转化率最高、投资回报率最高、盈利能力最强。这些洞见通常会改变公司的整体媒体策略。

图4.4　如何找到品牌广告推送频次的最有效点

步骤 2：剔除过高频次

每个广告推送都有一个频次"长尾"。在我们的研究中，数据显示，用户每月浏览约 10 次广告后，会出现一种厌恶情绪，在心理上对品牌产生疏离感。营销商可能花费上千万美元，锁定 11%~12% 甚至 1% 的广告浏览用户，但收效甚微。

道理很明显。我们所有的客户都希望优化广告投放，使其只包含有效的闪现次数。将参与度数据与广告浏览量进行对比，我们还偶然发现了一种可以衡量我们一开始认为的"因烦生怒"投放区域的方法：一个人总是看到一款汽车或鞋子的广告，不胜其烦，开始对不断推送广告的品牌产生厌憎情绪。

一位名叫汤姆的老师有句口头禅："数字不会说谎。"他的观点是，数据带来的实际结果会建立某种信念，而信念会带来更有效的措施。借助跨多个平台连接用户身份的数据管理平台，我们现在可以使用第三章中讲述的全局推送管理技术，指示任何可寻址渠道在各个系统和屏幕上减少向用户推送广告的数量。换句话说，一旦用户的广告浏览量达到 10 次，我们就可以指示视频和展示广告平台，禁止定位该客户。利用数据管理平台至关重要的"数据输出"功能，我们可以有效地消除广告展示的长尾，并确保像家乐氏和乔治亚—太平洋这样的品牌不会浪费宝贵的媒体资金继续向那些不想再了解品牌信息的客户推送广告。对于家乐氏公司来说，这意味着可以节省约 20% 的数字广告预算（约 2 500 万美元），[①] 营销团队可以将这些资金用于寻找新客户。

步骤 3：培养"短尾"

通过对数百个频次进行分析得出的另一个有趣的结论是，广告

---

① https://www.krux.com/customer-success/case-studies/kelloggs-case-study/.

推送频次"短尾"（每月只向用户推送 1~3 次广告）非常重要。通常，大部分媒体预算都花在吸引消费者的关注上面，而互联网是新用户快速了解广告推送消息的绝佳工具。但是，在查看每月广告推送量较少的用户的转化数据时，我们发现，每月仅投放几次广告效果并不理想。

数字消费者行踪不定，而且往往以任务为导向。我们可能会在工作间隙花几分钟时间阅读一篇有意思的文章，而且在浏览过程中，我们经常会看到几次广告，然后停下来阅读引人入胜的内容。我们查看数据时，这种模式会反复出现。实际上，广告推送次数过少的效果比次数过多更糟糕！营销商为了让媒体向新用户推送广告做了大量工作，但广告推送频次不够会使用户对品牌的印象不够深，无法吸引他们购买产品。

借助数据管理，你可以吸引大量用户并将数据发送到渠道中，在这个渠道中，你可以指示系统支付更多费用，确保在某个时间段向用户推送第四次或第五次广告，从而达到使用户对广告产生兴趣的广告推送频次最有效点。数学计算很简单：如果查看 10 万名用户，并且发现看到 4 次广告展示的用户参与度比看到 3 次广告展示的用户参与度高 20%，就会迅速出现数据驱动的竞价策略。随着时间的推移，我们帮助数十家公司对用户群进行了评分，并根据他们目前对广告推送的参与度，确定为争取这些用户需花费的具体成本。如今，程序化广告（竞价预算系统）的流行使这种策略不仅可用，而且对于提升可寻址媒体支出的效率和效果来说也是必不可少的。我们称之为"采用竞价策略，使用户的每月广告浏览量达到最有效点"。

步骤 4：对新近度进行调优

另一种控制消息推送的方法是考虑新近度效应，即主动向消费者发送消息的时间段。多数品牌会重新定位访问其网站但未购买商品的消费者，试图重新吸引消费者并促成交易。虽然这是一种有效的营销策略，但也有不利因素。它已被许多营销商过度使用，结果让消费者产生了"这双鞋在网上对我穷追不舍"的印象。

　　带有新近度数据的投放和压制广告推送的数据表明，在某个时刻，同一广告推送次数过多，反而毫无效果。我们的首席数据科学家萨洛蒙及其团队试图通过在投放频次分析中融入新近度因素来解决这一难题（见图 4.5）。频次和新近度的结合产生了一些有价值的新结论。

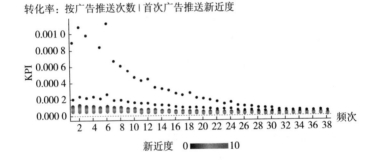

注：Krux 是使各个公司能够使用数据科学以更好地了解广告投放频次和新近度如何影响推广效果的先驱者。

图4.5　广告投放频次和新近度的结合

　　如图 4.5 所示，这个特定的广告投放的转化率在 12 天后开始逐渐减少，大约一个月后就无法提供任何增量价值。根据这种简单的结论形成的一些建议（例如，两周后停止重新定位用户）可以节省数十万美元。调整广告投放的想法并不新鲜：精明的代理商会在数周或数月内"逃避"广告投放，以应对不同的工作日、节假日或其他重要时间节点。新近度分析的新功能是核验调整广告投放的效果和成本效益，以及从一个界面联合数百个不同媒体合作伙伴控制广告投放调整的粒度化能力。

维护消费者的频次视图

用于协调频次和新近度的技术综合体被称为"全局推送管理"，这种技术能够跨所有渠道，设置用于投放或抑制广告推送的特定指令并根据细分级别主动控制消息推送。这种技术仅适用于可以在不同设备 ID 和密钥之间协调用户身份并在外部系统中将其激活的营销商。

如第二章所述，许多系统都将我们刚才描述的用户视为 ID：在线 cookie、手机 ID、各种浏览器身份标识，甚至是顶层设备 ID。平均每个人拥有近四种不同的设备和浏览器，一张频次图显示了只有两次专门广告推送的用户，实际上可能意味着，如果这位用户拥有四个设备，就已经浏览了该广告八次。你很难对无法计数的内容和看不见摸不着的内容进行优化。根据我们的四步策略确定客户参与度的最有效点需要一个中央激活机制，来可靠地查看、跟踪和协调用户的多重身份。

在我们生活的这个时代，我们所能捕捉到的每一个媒体推广数据都能加深我们对消费者的了解。在我们生活的这个时代，许多网购广告投放策略不当，导致这些广告几乎无人关注。沃纳梅克应该庆幸自己生活在 100 多年前，无须面对如此棘手的问题。当今的在线展示广告通常出现在不明显的位置，除非用户向下滚动到页面底部，否则永远看不到这些广告。有时，广告一闪即逝，然后用户就跳转到了其他页面。

更恼人的是，这些广告的"浏览者"常常是一些机器人，这些冰冷呆板的机器人永远不会为家庭度假预订各种产品和服务，也不会走进克罗格超市购买麦片。广告生态系统鱼龙混杂，其中不乏居心不良的家伙，他们利用第一章中讲述的程序化交流，从毫无戒心的营销商那里骗走上千万美元的在线广告预算。2013 年前后，广告费用欺诈事件频发，才使营销商识破了这种骗局。从本质上讲，诈骗者会创建数以百万计的假用户，部署机器人假冒真人，并从程序化广告推送预算中行骗敛财。

但是，该骗局为数据管理平台提出了另一个有意义的用例：如果你怀疑"用户"是机器人，那就采用抑制策略，不向其推送广告。

非可浏览性和非人工流量[①]的结合会导致媒体推广费用的浪费。[②] 解决这一问题的方法是，与可以测评和报告可浏览性并可确定非真人用户点击和浏览的供应商合作。在 Krux，我们与 Integral Ad Science、Moat 和 comScore 等供应商紧密合作，为广告投放增添了可浏览性保障，我们的频次分析对象可以是实际看过广告的真人。我们收集了所知道的非真人用户的 ID，并主动停止向这些假用户推送广告，由此节省了超过 5%的广告费用，对于大型广告商而言，他们每年可因此节省上千万美元的广告支出。

洞见：数据又回来了

如果营销商打算在亚马逊内部建立渠道，就需要尽可能多地了

---

① http://www.shellypalmer.com/2015/10/non-human-traffic-ad-fraud-and-viewability/.

② http://www.pubexec.com/post/bots-fraud-non-human-traffic-plague-top-publishers/.

解其客户，而且在不懈地追求新想法的过程中，每一个粒度数据点都是一条线索，营销商可以结合其他线索，推动业务向前发展。数据输入是一种可以根据所知道的一切构造用户个人资料的方法。数据输出是一种帮助我们找到不同渠道、设备和系统访客的方法。分析（数据回传）是查看不同渠道用户参与度并丰富我们对用户的认知的一种方式。当今的营销商完全可以将三种方法中固有的数据结合起来，把营销技巧融入数据驱动的营销科学中。

营销商执着于将消费者数据平台和数据湖相结合，以存储和完善其用户数据。这些是其第一手数据的存储库。我们与捷蓝航空之类的大型航空营销商合作过，可以轻松地收集到足够的购票数据，以区分休闲旅客和商务旅客，使他们能够很好地掌握电子邮件促销和消息推送的节奏。但是，如果营销商想要获取所有最新的宣传其机场俱乐部休息室促销活动的数据，并将其与收集的信标数据进行比较，以查看实际上有多少广告接收者最近来过，该怎么办？如果营销商想要给这些数据分片并将访客与现有会员和新会员进行比较，该怎么办？知道会员资格对飞行常客的生命周期价值有多大影响，会不会很有趣？这些问题只有通过强大到足以探测到主动保存在单个逻辑空间中的数据集的技术才能解决。

航空公司的营销商拥有大量的客户数据，这就需要大量数据集成。他们面临的挑战是如何构建合适的数据筛选器，将真正有价值的信号从无效信号中分离出来，并创造出能够提出明智问题并生成可行答案的算法。真正重要的信号是什么？热门商务航线票价下调 100 美元，是否会增加高价值的经常性商务旅客的需求，还是人为地增加了偶然性旅客的需求？过于仓促廉价地让飞机满座，最终是否会导致利润缩水？拥有大量数据的营销商正在深入研究此类商业问题，现在，他们可以通过丰富的媒体分析和设备数据集，了解他们在跨渠道广告中进行的投资如何发挥作用。

数据贫乏的营销商面临着相反的挑战。他们只有少量的第一手用户数据，因此需要用许多不同的信号充实其数据库，以了解用户的身份和行为。要使罐头汤的销量超过每周平均水平，需要多恶劣的天气？在暴风雨天气过去后，增加广告投入对推动需求有何影响？人们在不同的季节喜欢什么食谱？公司拥有多少种不同的食材？

为了推广 Bear Naked 定制格兰诺拉麦片，家乐氏要求 IBM（国际商业机器）旗下的技术平台 Watson 研究 Bon Appetit 牌早餐麦片的 1 万种不同配方的化学成分，找到可以无缝调配的成分。大数据后端与 Bear Naked 定制格兰诺拉麦片的网站联合起来。消费者可在该网站上使用几十种不同的成分调配自己喜欢的个性化格兰诺拉麦片。在这个过程中，"沃森大厨"会根据其分析结果自动为定制调配麦片的"风味增效作用"打分。用户通过选择定制的包装图形来为他们的个性化调配麦片命名。与 Salesforce 的商业引擎联合后，用户可以直接在网站上购买商品，几天后用户定制的格兰诺拉麦片就会被送达。有人认为，家乐氏将使用来自数千份订单的数据决定，将哪些预包装的调配麦片放入当地的超市。

基于大数据的分析正在推动真正的变革。10 年前消费者才开始从传统的包装商品转向购买更多的天然食品。试想一下，如果当时家乐氏对消费者的购买数据有更丰富的洞见，结果会怎样？也许这家公司会抓住希腊酸奶的热潮，收购 Chobani（希腊酸奶公司）或 Oikos（酸奶公司）之类的公司，发展成价值百亿美元的企业。[①] 即使是数据相对稀少的营销商，也正在利用媒体分析寻找新的方法，以获得竞争优势。

每一次点击、视频浏览和广告展示都是一个有价值的信号。根据这些洞见，营销商可以将所发生的事情与他们在用户层面的促销活动联系起来，从而获得竞争优势。用户数据的效能可以被实时利用，例如，在在线促销期间挖掘洞见。想想富有创造力的代理商测试各种信息的过程。时至今日，大部分工作仍涉及现实中的焦点小组和自选用户小组。该过程基本上只能由人工完成，需要花费数天或数周的时间建立用户小组，将广告推送给用户小组，以获取结果并进行分析。代理商已经开始通过更快的在线测试改进这一过程，即构建广告的多个变量并在小型在线促销活动中对其进行快速测试。如今，由于我们具有微细分客户并即时为他们激活促销的能力，每个拥有数据管理平台的营销商都可以测试无限数量的假设并获得即时结果。

案例：A&E 通过"手机推送"提高收视率

历史频道针对《维京传奇》的收视情况开展营销活动是数据回传的一个极具代表性的例子。《维京传奇》于 2013 年上线，旋即引起了收视狂潮，观看人数高达 600 万。《维京传奇》的母公司 A&E（美国线业公司）急于利用首播的成功稳住观众，最重要的是，他们希望可

[①] https://www.thestreet.com/story/13161809/1/why-starbucks-should-buy-this-billion-dollar-greek-yogurt-company.html.

以吸引人们在剧集播出的工作日的夜晚收看。

因为 Krux 可为每个可寻址交互打上时间戳，并使这些数据与各位用户对应，所以我们发现了媒体推广效果数据中的一些规律，这些规律很快就派上了用场。我们注意到，在周四晚上剧集播出前，移动设备上的用户参与度激增。这些人在家中待着，优哉游哉地使用平板电脑和手机准时收看电视节目。《维京传奇》剧集一播出，观众就迫不及待地追剧，但很少有观众喜欢看之后的录播。毕竟，只有《权力的游戏》和《西部世界》等少数大片对观众有长时间的超强吸引力，使得观众往往不在乎是它是直播还是录播。

我们还注意到，在剧集播出的夜晚，看到过 3 条及以上《维京传奇》网站横幅广告的观众，更有可能在剧集播出当晚使用手机收看剧集。我们把这种现象叫作"手机推送"。策略很简单：关注可能收看《维京传奇》的观众，让他们整个星期都参与到展示创意中来，为节目建立预期，然后切换到手机广告，定位在家里的观众，并在节目播出时提醒他们。这种简单的渠道切换策略引起了《维京传奇》收视潮，并帮助 A & E 吸引并留住了越来越多的《维京传奇》粉丝。最关键的是，它提高了节目播出当日的收视率，增加了收视人数，从而产生了后续效应。

没有回传的数据和数据提供的洞见，即使看似简单的可寻址策略也很难被注意到，且无法被验证。

组织管理层面如何推动数据驱动营销

世界上所有的数据管理功能都存在局限性，不可能直接将公司带到数据驱动营销的乐土。多年来，有数百家公司宣布致力于使用数据驱动营销策略，并投资于使其坚持走下去所需的人员和流程。任何情况下，公司都需要高层和中层管理者的明确领导。在变革历程之初，公司需要一个理由，一种信念。

百威英博的西尔伯曼说："现代营销中不乏各种缩略语。比如，RFP（征求建议书）、DMP（数据管理平台）、PMP（私用市场）、CDP（消费者数据平台）。类似的术语层出不穷，不胜枚举。对我们来说，最重要的是 RTB，这个缩略语不是代表 Real-Time Bidding（实时竞价），而是 Reason to Believe（有理由相信）。这就是我们要为高管团队提供的东西，促使他们参与我们的数据驱动历程。我们需要尽快做到这一点。自从有了实时竞价工具，就掀起了一场革命。"

现在，是时候将我们的注意力从技术和战略考虑上转移开来，全力以赴专注于组织层面所采用的最困难的部分。本章我们将讨论公司中的利益相关者，他们必须齐心协力才能创建一个卓越的数据中心，构建一个参与成熟度模型，帮助你确定组织在数据驱动能力的连续体中所处的位置，并在数据驱动转型时避开五个陷阱。一些公司有充裕的资源、人员、时间、资金，在实现其愿景时却举步维艰。还有一些公司，资源较少，但纪律严明，终于成功开发出了一种功能强大的数据驱动营销设备。造成差异的是人才：可以迂回而有创造性地思考如何调动组织的力量、如何避开陷阱，以及如何推动方案实施并极具说服力地传达其结果的运营者。掌握了这些方法，你不仅可以改变公司发展状况，还可以改变自己的职业生涯。

打造卓越数据中心

有时，我们会遇到某家营销商或媒体公司已获得数据管理平台的许可，却无力驾驭，很难充分挖掘这些数据的价值。我们最近与遇到这一难题的客户进行了交谈。这位客户如此形容自己的感受："我们的车库里有一辆法拉利跑车，但没人知道如何驾驶，因此，只要开出去遛上一圈，就会跟别人撞车。"如果一家公司试图在数据驱动营销中脱颖而出，但不是通过有组织的准备和结构获取利益，就势必会遇到这种问题。

建立所谓的卓越数据中心（DCOE）需要严谨的团队方法。卓越数据中心通常由来自媒体、分析和信息技术团队的内部人员、变更管理方式的智能顾问、系统集成合作伙伴和代理商组成。采用这种方法的公司在其变革历程的开始阶段就获得了短期价值，并且它超过了所有后续工作的价值。

我们认为采用该方法的组织层面的支柱是人才、流程和技术。各个环节相辅相成，缺一不可：其中一项或两项正确，但另一项错误，就会导致失败。如果没有恰当的人才，最伟大的数据技术也形同虚设，毫无价值。如果没有恰当的技术，最周密严格的流程也障碍重重，难以为继。当然，如果没有恰当的技术和流程进行工作协调，最优秀的人才也将孤掌难鸣，无所作为。

人才是根本。纵观我们制定的数百种数据管理平台实施方案，那些能够迅速获得价值的公司已经隐式或显式地创建了一种卓越数据中心。这种卓越数据中心全面定义了数据策略，并在组织的关键利益相关者之间明确分配了所有权。

图 5.1 描述了进取型公司建立的卓越数据中心，公司可因此获得数据驱动型成功。

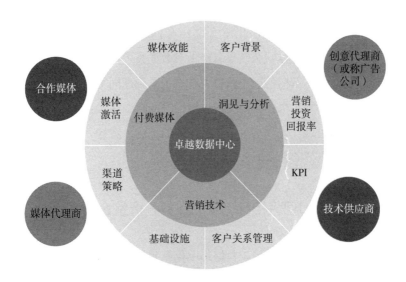

注：卓越数据中心的动力来自媒体、分析和 IT 职能部门的主要利益相关者，并采用一种具有凝聚力的战略，与广泛的合作伙伴携手并进。

图5.1 卓越数据中心

媒体是实现投资回报的最快途径

无论是负责跨渠道广告支出的首席营销官，还是负责优化各种媒体产品收益的媒体公司的首席营销官，通常都会让媒体团队负责打头阵，他们迫切需要连贯一致的数据策略和行之有效的工具。

媒体团队对数据有非常具体的需求和 KPI 要求。通常，团队都会寻找更好的受众发现方式、更精准的细分或增进媒体支出（或销售）效果的工具、获得快速洞见以支持优化的能力，以及与现有工具集成的能力。

媒体一直是技术领域的热门增长项目，并且在广告从网络时代过渡到当今的多渠道程序化环境的 10 年间，媒体从业者尝试了各种不同的工具。媒体团队领导者经常对数据技术进行评估，并充当分析、信息技术部门的同事及相关客户关系管理同行的枢纽，以制订组织数据计划。媒体也是实现投资回报的最快途径：对于广告商而言，媒体可以优化和减少不当或低效的支出，在这一过程中媒体则可以通过更好的受众细分提高货币收益。

如何将相互孤立的数据分析整合

当今的分析部门热衷于数据集中化，并与媒体团队建立了更紧密的联系，而媒体团队是丰富的用户意向数据的来源。许多团队面临的挑战是，如何将从客户关系管理、商业和离线销售数据中获得的丰富结构化数据与新近可用、快速流动的媒体和非结构化数据相融合。对于汽车零售商而言，将在线广告展示数据、电子邮件数据和位置数据连接在一起，以了解广告如何影响经销商下单是一个理想的选择，但这些数据通常仍然是孤立的，难以整合。分析利益相关者之后发现，卓越数据中心方法蕴藏着巨大的机遇，这种方法要求整个组织的参与。

像他们的媒体同行一样，分析团队多年来在各种用例中采用了许多新技术，并且不断寻求相应方法，使管理层和其他利益相关者清晰理解其洞见。然而，目前数据流仍然受旧模式的束缚，虽然可以通过结构化的数据仓库访问这些数据，但是数据仓库需要较长的等待时间并且需要使用不同的查询语言才能访问。现代分析师需要内置显示板，令大多数常见报告可以被广泛使用。还需要灵活地从单一组织数据源中提取数据，运行自定义报告，执行建模，并推动更深层次的分析。

分析师关心的是如何挖掘更丰富的洞见，使用数据识别更好的客户体验、客户生命周期价值模型、购买意向以及更丰富的细分。他们渴望将这些数据与媒体团队的数据连接起来，以提供更好的计划，优化策略和度量。

首席营销官和首席信息官合二为一

人们已经做了大量工作，证明将首席营销官和首席信息官的职能相融合是有充分理由的。如果不熟悉执行数据战略所需的技术工具和策略，首席营销官将根本无法执行数据战略。在一个理想的企业中，首席数据官应监督信息技术和客户关系管理的智能领域，并成为与卓越数据中心内部的媒体和分析同事一起开展工作的理想合作伙伴。并非每个公司都实现了这一飞跃，因此，我们经常看到这两个团体都作为信息技术部门出现。

他们负责确保媒体和分析团队的愿景符合公司整体的技术战略，使集团的投资目标与公司的技术和基础架构预算保持一致。并且，最重要的是，项目的实施需要强有力的数据治理、隐私规则和现有的安全协议。

为了取得成功，信息技术团队必须对其客户数据进行强有力的管理。正如我们在第一章中讨论的那样，这需要保障用户的隐私、信任和数据使用透明度，同时允许收集数据以提供更好的客户体验，保障客户的个人和财务数据安全不受侵害，并及时了解国内外法律法规，确保其数据收集行为符合监管要求。在第一章中，我们概述了《通用数据保护条例》带来的一些变化，这些变化与欧盟的消费者隐私和数据使用尤为相关。一旦建立了骨干网，信息技术利益相关者就需要了解新系统将如何与现有基础架构连接，以及如何随着公司一起扩张和增长，还有系统所采用的技术伴随着何种控制和访问级别为卓越数据中心目标服务。

当今世界消费设备不断发展，可捕获的数据量不断增长，用户数据保护方面的法规和法律不断变化，信息技术人员的充分参与是成功构建卓越数据中心的必要条件。没有技术小组的全面整合和支持，就无法成功构建卓越数据中心。

一个成功的卓越数据中心必须关注多个利益相关者的兴趣和目标，见表5.1。

表5.1　成功的卓越数据中心的标准

媒体	分析	信息技术	客户关系管理
整合： 与各部门协同配合	洞见： 传授一些未知知识	安全： 是否符合我的策略？	新用户引导流程： 需要一个使具名客户在线的环境

媒体	分析	信息技术	客户关系管理
效果:	CX改进:	治理:	POS（销售终端）数据:
必须有所改革和进步	由哪些见解推动CX改进? 应如何改进? 顾客为何青睐我的产品?	是否可以随着规模的扩大而轻松管理?	我想让销售数据和其他OL属性发挥作用
优化:	建模:	控制:	电子邮件:
必须能让我在获得洞见时进行优化	需要数据支持偏好模型和用户评分	希望以高细粒度的方式控制权限和访问	如何改进电子邮件促销活动?
发现:	人物角色:	规模:	CX改进:
我需要找到独有的客户接触方式	如何帮助我完善对客户的了解?	是否可以扩大规模? 成效究竟如何?	如何使用客户关系管理数据创建更好的个性化体验?
全渠道:	生命周期价值/投资回报率	可扩展性:	人员认证信息删除流程:
我需要激活各方面的洞见	我想要一份包括所有具有LTV评分的宝贵的客户记录	它如何与我现有的系统配合使用，并支持未来的其他技术?	如何使用在线属性和行为来丰富我的CRM数据?

建立供应商生态系统，共谋发展

尽管卓越数据中心核心团队至关重要，但如果只在组织内部闭门造车，就根本无法完成向数据驱动转型。与我们合作的每个营销商和媒体公司都会与各种各样的代理商、技术供应商、顾问和合作伙伴一起探讨。关键供应商必须参与这种探讨，共谋发展，并有强烈的动机采取更深入的以数据为中心的方法。

最近，我们与一个客户（一家大型快速消费品饮料公司）及其媒体代理商进行了季度业务评估。我们平台上的数据显示了有关媒体推广和网站访问的一些有价值的新结果。与这家媒体代理商的认知相反，绝大多数积极主动的媒体互动（点击量、网站访问量和视频浏览量）来自女性和老年男性。

因为该代理商仅通过对21~49岁男性的渗透情况衡量成功与否，所以哪怕店内销售业绩正在增长，该代理商仍然认为促销活动是失败的。换句话说，即使未达到其规定的衡量指标，该代理商的营销活动也是成功的。该公司很高兴吸引了年长的酒类消费者。为什么衡量成功与否的标准会忽略那些年龄较大、更富裕、参与度更高的人群的力量？这家代理商的工作人员本该为所取得的共同的成功而欢呼，却在绞尽脑汁力图解决一个法律界的指标定义问题。

显然，数据的可用性推动了对新方法进行衡量的需求，这为媒体代理商开辟了一个衡量结果的新方法。这家公司使用在线受众验证工具衡量了太多点击其广告并访问其网站的无效流量，只有其使用的数据管理平台变得更为成熟，才能剔除那些访客数据。该公司的数据管理平台发展成熟后，专项支出减少了近20%，一些供应商对该代理商的营销活动减少持犹豫态度。

最新的数据要求供应商（需求方平台）改变其与更老道的营销商的互动方式。在这两种情况下，如果代理商和供应商能够更早地理解策略，并且作为卓越中心的合作伙伴更充分地参与进来，他们就会预料到这些变化。这种变化正在不断发生。如果该公司有一个围绕数据而建立的跨职能团队，并有正确的目标和指标，就不会为了商定标准而浪费太多资金，而是花更多的资金来吸引客户。

能力成熟度模型

向数据驱动转型是一个持续发展的过程。即使使用最先进的卓越数据中心，成功也取决于各种因素。

当然，它必须从人才、流程和技术着手，但是能力模型会演变为收集数据和根据收集到的数据设定目标。决定转型策略是否成功的要素与五个常见的衡量指标一致，即目标、人才、流程、数据和工具。

- 目标。你的业务目标是否被明确规定，并且是否以数据来衡量这些目标的能力？

- 人才。你是否已通过合适的人才、跨团体的适当协调以及高管配合将数字化转型调整为统一的卓越数据中心？

- 流程。你是否致力于采用步骤清晰、循序渐进的转型驱动的过程，并为变革历程的每一个环节提供了浅显易懂、由指标驱动的KPI？

- 数据。你是否会根据所有具有可用来源的数据做出决策并采取行动？

- 工具。你的系统是否具有必要的自主权，使你的数据团队能够专注于更高阶的任务（例如分析和洞见），而不仅仅是根据规定执行？

合适的人才根据目标驱动战略执行，根据数据做出决策，通过可扩展的工具逐步走向成功。根据我们的经验，这是最有效的发展之路。成功的关键是要培养这五个领域的能力，并随着时间的推移不断提升这些能力。

作为研究的一部分，我们对 40 多家已经或正在向数据驱动营销转型的大型营销商和媒体公司进行了调查。纵观公司的全部发展历程，我们发现了三种不同的类别：非正式、组织化和优化。它们共同定义了数据驱动绩效的能力成熟度模型的三个阶段（见表5.2）。

表 5.2 数据驱动运营的非正式、组织化和优化的阶段维度

维度	阶段1	阶段2	阶段3
目标	业务决策还不是由数据驱动，客户的业务目标尚未明确	数据用于完成某些业务目标，但某些目标尚未明确	明确说明了业务目标，并将数据作为客户业务目标的主要组成部分
人才	技能水平不一致的特定数据分析职能	正式的角色和职责（即数据货币化负责人）	跨团体或集中式卓越数据中心的清晰协调
流程	相关的文档编制化流程（人员在流程内部而不是外部工作）	简化流程，侧重决策，协调整个企业内部的活动	快节奏的决策日程表和指标驱动的流程启动触发器
数据	收集并安全存储所有相关的行为数据	根据收集到的在线和离线数据制定决策并采取措施	数据推动独立的收入流
工具	流程控制和稳定的基础架构	支持将第二手数据纳入营销活动设计和分析	第三方拥有自己的日常执行系统，数据团队专注于分析和洞见

阶段 1：非正式

在这个早期阶段，目标还不那么明确。业务决策不是完全由数据驱动的，没有足够的有效数据贯穿组织。通常只有少数利益相关者在运行分析，但是有用的洞见并不能贯穿整个组织进而推动变革，而且不同人员的技能水平也参差不齐。从数据角度来看，相关的行为数据从易于捕获的渠道（例如，Web 分析工具和数字广告像素）流入平台，但离线数据仍然滞留在内部的"孤岛"。大多数公司在早期阶段就已围绕数据构建了流程控制，并且有一个稳定的基础架构（通常是数据管理平台）用来管理数据捕获。处于阶段 1 的公司已准备好创建卓越数据中心，根据与投资回报率目标一致的用例路线图执行，并开始在整个组织中共享数据。

阶段 2：组织化

与我们合作的大多数客户属于"组织化"公司，这些公司正在利用数据达到某些特定目的，但尚未充分利用所有可利用的数据。对于某些用例，它们有明确的目标（例如，减少 15% 的广告支出浪费），而在其他领域的目标不那么正式（例如，更好地了解客户的去向）。它们指派媒体主管或分析主管，在公司内部确立了一些关键的角色和职责，但是尚未完全接受卓越数据中心共享，并协调各个"孤岛"式区块的访问和使用。从流程的角度看，他们已经设法简化了某些功能，并开始协调整个企业的营销活动。例如，如果有一个新的细分客户群，则将自动通知媒体代理商，并有能力使用新数据优化媒体推广。在组织化阶段，公司将大部分（甚至全部）数据集中到一个系统，将离线客户关系管理与可寻址的在线数据结合在一起，有时甚至可以访问新的数据源，例如与关键合作伙伴建立的第二手数据关系，从而提供某种差异化优势。

阶段3：优化

少数几家公司真正接受了五个关键领域的数据转型，并且它们的工作已见成效。梅雷迪思、阿迪达斯、欧莱雅美国公司、特纳广播公司、潘多拉、百威英博等公司很早就开始了投资，并在3~5年的时间里持续致力于开发数据驱动卓越技术。

它们秉持以数据使用为中心的明确业务目标，以转变与客户的关系。例如，欧莱雅美国公司的首席营销官玛丽·古林与她的团队共同庆祝手机ID在其数据平台中的迅速增长，并不是因为捕获了大量数据。相反，这不过是一项计划的一部分，旨在通过采用推动该公司与电子商务销售相关的超真实彩妆应用程序，与客户建立更深入密切的联系。

潘多拉公司不仅可以捕获和激活数据，还可以利用其第一手数据创造全新的收入流。如今，潘多拉公司的业务蒸蒸日上，帮助广告商使用"独此一家，别无分店"的数据进行精确定位。许多广告商将向更多的合作伙伴和供应商生态系统开放其数据。它们保留了对数据的所有权，并制定了自己的数据策略，但是它们为合作伙伴和代理商提供了数据访问权限，以此作为获取受众细分市场和KPI通用信息的一种手段。

这些公司无一例外很早就采用了卓越数据中心框架，并与技术、法律和执行利益相关者殚精竭虑，以确保能够取得成功。每个结果都是基于对数据的事实进行处理所得到的，无论其结果如何与现状相悖。

数据驱动转型时的五个常见陷阱

在支持数据管理平台实现数百次运营之后，我们了解到了很多关于如何使公司成功执行数据驱动策略的知识。不过，所谓"吃一堑，长一智"，我们从那些经历了失败变革历程的公司中学到的东西更多。一家公司在追求向数据驱动转型时可能会遇到五个陷阱。

陷阱 1：缺乏明确的数据转型目标

这个问题似乎显而易见，但是即使是全球最大的公司也可能准备在没有明确目标的情况下着手进行数据方面的转型，盲目冲锋陷阵，成为"炮灰"。一旦甲公司与软件供应商签署了一项大型许可协议，并宣布了一项宏伟的数字化、现代化战略，那么乙公司就很乐意跟进自身的技术投资。世界变化太快，没有人愿意成为掉队者，更不想成为一个无法看到战略趋势并无法按照战略趋势采取行动的首席营销官。

我们在细心观察，希望能看到一家大公司跟上了技术潮流，并在投资智能软件之后进行转型。但是，"软件即服务"仅是一项服务，而卓越的工具需要根据明确、可衡量的目标进行部署，并与公司的业务战略直接挂钩。任何获得我们数据管理平台授权的企业都可以声称该企业"需要更好的能够锚定在线消费者的工具"。实际上，我们所有的客户都是如此。不断实现更具体、可衡量的目标（例如，我希望客户在我的网站上停留的时间增加 20%，或我希望通过更细粒度的客户细分将视频广告的转化率提高 30%），达成愿景，这样的客户最终可以实现更大的价值。

要想做到这一点，就要确保组织中有恰当的利益相关者能够控制流程。如果由信息技术团队做软件购买决策，但是该软件的主要用途是提高媒体效率，就会出现脱节的问题。（隔行如隔山，信息技术团队对广告策略的了解程度跟媒体团队对编写 Java 程序语言的了解程度没什么区别。）简言之，恰当的团队必须在数字化转型项目中纳入一套与业务进展状况挂钩的明确的 KPI。最初的目标应是获得软件的正投资回报率，然后将其逐渐调整至与整体业务战略相一致。

在没有明确目标的情况下利用技术进行数字化转型，就好比购买一堆木材、钉子和锤子，并雇用了 20 位木匠，却没有任何建筑设计规划。为了避免这个陷阱，为数字化转型设想一个明确的，以投资回报率为核心的愿景，需要哪些成功因素？

- 根据用例调整目标。如果公司的业务目标是降低客户吸纳成本，则应与数据转型用例（例如，细分客户群以提高定向推广活动的转化率）相一致。切勿追求没有令人信服的可衡量结果的数据驱动用例。深入了解有关在线消费者是一个很重要又很棘手的目标。相比之下，获取参与度数据，更好地了解视频媒体在关键领域的投资，从而提高转化率才是一个可衡量且可实现的目标。

- 建立一个KPI框架。如果没有明确的绩效框架，就无法跟踪数据转型的有效性，而使KPI与之保持一致至关重要。这可以很简单，比如，在前三个月将可寻址客户群从10个扩展到100个；也可以很复杂，比如，在前六个月将数字广告的非人工流量从35%降低到5%，节省150万美元的广告费用。你的团队需要明确的基准，并且需要使工作内容与明确的指标相一致，以证明转型是有效的，投资是值得继续进行的。

- 调整数据和业务目标。数据转型可能会使公司很快陷入迷茫的困境，更好地进行市场细分之类的目标不一定会与执行团队制定的成功标准相吻合。无论何时，只要你可以将数据目标等同于更高阶的业务目标，就可以提高项目的价值，并赢得更多的高管配合和预算，比如，我们将通过更有效的数字渠道（而不是昂贵的传统渠道）加快速度吸纳客户，从而将营销效率提高15%。

陷阱2：缺乏正式的所有者

就像没有设置明确目标（例如，我们要盖一栋房子）的公司一样，没有所有者（总承包商）参与项目的公司也注定无功而返。多年来，我们看到，许多不同公司的主要利益相关者，妄图在没有恰当的高管配合的情况下掌握数据驱动的主动权，进而取得成功。例如，一位真正有战略眼光和能力的媒体高管想要实施数据管理方案以提高广告质量，但这位高管却采取"孤岛"式运作，势单力薄、孤军奋战，并没有与负责跟踪和衡量面向客户的成功指标的分析团队协同配合。或者，这家公司购买一种新的营销技术，并将项目转包给其代理商，而代理商没有足够的动力培训和启用其跨客户团队，开发专门针对某个客户的解决方案。

在这种情况下，该项目有明确的目标（例如，更好地控制频次，提高我们的媒体支出效率），但实际上并没有真正的所有者在推动内部实施相关方案。正如我们已讨论过的那样，从媒体驱动到消费者驱动的跨越是一种思维和组织方法，需要多个利益相关者和高管人员的配合才能取得成功。

如果仅仅依赖一个部门，势必独木难支，不可能实现整体的变革。如果外包给代理商，更是注定中途夭折、徒劳无功。

古人常说，敝帚自珍。比如，对一栋老房子，只有房子的主人才愿意花费人力、物力、财力进行维护修缮。如果只是一个租客，根本不会有花钱进行长期维护的动力，即便做了一点事情，也只是权宜之计，不过是为了有个栖身之所。数据转型需要一个具有主人翁意识的所有者，一个坚韧不拔、矢志不渝的拥护者，这样才能在高管团队的支持下，使工作内容与战略和目标保持一致。

有三种方法可以避免所有权不清晰带来的"好心干坏事"式的悲剧：

- 雇用一位首席数字官。他可以是负责数据驱动转型的首席体验官，甚至是首席客户官。首席数字官应该是一个精力充沛、出类拔萃的执行者，能够调整数据计划，使其与明确的业务目标同步，并负责创建卓越数据中心。

- 创建卓越数据中心。建立正式的执行指导委员会，作为卓越数据中心的创始团队。虽然报告数据转型的整体运行状况和进度可以由一个所有者（例如首席数字官）负责，但真正的"所有者"需要由组织中志同道合的利益相关者组成，共享资源并对目标负责。

- 培训并启用。帮助你的代理商和合作伙伴拥有数据转型工具的所有权。如果公司未能将其战略和技能转移给外部合作伙伴（例如媒体代理商），一些大数据工作最终的命运注定是功亏一篑。所有者不能仅负责制定策略和购买工具，然后把工作交给顾问或代理商，自己优哉游

哉做起"甩手掌柜"。所有者责任重大，必须培训并启
用自己的合作伙伴生态系统，并使这些合作伙伴对这一
使命性的KPI负责。

陷阱3：闭门造车，"孤岛"式运作

多年来，我们已经看到许多生动的例子，在这些例子中，通常
是一个大型组织中的单个团体通过数据计划取得了重要成功，但是
这个团体单枪匹马、孤立无援，因此未能实现本可以实现的全面转
型，功败垂成，令人扼腕。如果分析团队从数据管理平台获得有关
用户的深刻见解，但没有与媒体团队共享用户评分以进行相应调整
和跟进，就会发生这种情况；如果媒体团队获得了重要的媒体推广
效果数据，却没有与正在其数据仓库中建立倾向模型的信息技术团
队成员共享这些数据，也会发生这种情况；如果运营商离开一家公
司，但没有将相关知识和数据移交给其他团队，同样会发生这种情
况。随着运营商的离开，数据转型也成了一个无法收拾的烂摊子。

这种结果令人懊恼，而且颇具讽刺意味。事实上，数据转型的
核心是消除"数据孤岛"，并协调组织的数据和人员，朝着共同的
目标披荆斩棘、不断前行。最近出现了一个实例，一家大公司在成
功实施了数年的数字化战略之后，其媒体团队的数据管理平台软件
预算被完全砍掉了。公司的高管并不了解这项投资的必要性，并认
为这家媒体代理商的工作成效未达到预期。

如何避免这种情况发生？

- 将数据视为资产并进行交易。媒体部门如何让客户关系
  管理部门为数据管理平台提供资金？媒体团队可以深化

用户个人资料，改进电子邮件定位。同样，分析团队可以与信息技术部门合作，利用用户级媒体交互和在线转化数据来丰富数据科学团队的生命周期偏好模型。数据是一笔财富。应给跨部门的利益相关者灌输数据价值理念，使其认识到，数据可以推动他们走向成功。

- 调整并合并预算。如果人们不为一个正在使用的昂贵软件付费，也就失去了使用它的热情和动力。当人们需要向数据驱动转型的软件工具时，永远不可能在一个"孤岛"上买到它。只有与自己的工作目标保持一致，人们才会有工作热情，并且，如果与其目标背道而驰，那么，无论你多么诚恳且充满善意，也说服不了太多人自愿加入卓越数据中心。一旦目标和预算达成一致，就意味着共同追求的成果符合每个人的利益。

这似乎是一种纯粹的常识，除非你进入大公司，一个部门就能开展预算高达上千万美元的计划，并采取"孤岛"式运作。

陷阱 4：跃跃欲试，急于求成

"孤岛"式运作，不在数据转型方面下苦功，固然不会有什么成效。但反过来，走向另一个极端，一有想法就跃跃欲试，总想一口吃成个大胖子，也不是什么好事。无论是出售软件还是咨询服务，都可以确定一点，这种解决方案正在被作为可以改变公司整个业务的终极"撒手锏"进行营销。媒体将变得更加高效，消息传递将更加个性化，并且将提供可以改变组织核心的洞见。所有这些确实都是正确的，但是，就像下黑白棋一样，概念和道理，人人都懂，一学就会，但可能要花一辈子的时间，才能真正娴熟地掌握和运用。

如果一家公司在启动项目前力求完善的技术，就会出现这种情况。例如，在激活数据之前要求将每种单一类型的数据都集成到数据管理平台中（通常是应信息技术部门的要求，对数据质量的担忧有时会变成绊脚石，使实用的快速取胜之路变得崎岖坎坷）。许多公司都在努力实现这样的目标，等待数月将商店信标数据集成到其数据平台中，直到激活它们为止。这些公司本可以充分利用时间，在几天之内使用数据重新定位网站访客。数据转型是一个过程，必须迅速摘下垂枝的果实，以显示立竿见影的成功和创收机会，而这些创收并不仅仅是为将来的严控和紧缩做准备。

"跃跃欲试，急于求成"的另一个例子是，客户投身于最复杂的数据用例，需要高水平的专业知识和数据集成。例如，一个客户想要开始构建跨渠道的变革历程（我们将在下一章中进一步介绍），这个历程需要来自多个供应商和渠道数月的历史数据，简单地从控制给老顾客推送广告的频次着手，消除第四章中提到的"长尾效应"就可以了，这是一个可以衡量、容易实现的立竿见影式成果。

为了避免过快转型的陷阱，应努力采取一种针对具体结果的敏捷迭代方法：

- 锚定立竿见影式成果。最好的数据转型是自筹资金，借助每个新用例逐步产生投资回报。立竿见影式成果为更大的愿景提供了初步支持，并树立了可以实现数字化转型最终目标的强大信心。从简单、可印证的用例着手，例如重新定位用户或抑制广告推送，并达成共识，以求增加预算和人员。

- 规划路线图。成大事者，固然要有雄心壮志，但不能操之过急，而是需要高屋建瓴，长远规划。比如让团队成员确定他们今年想要实现的三件事。成功的客户将选择两个或三个主要方案，然后"咬定青山不放松"，锲而不舍。对于家乐氏来说，首先是抑制过于频繁的用户广告推送（每年节省2 000万美元），然后继续抑制公司广告的非人类流量（每年节省300万美元）。获得了这些立竿见影式的成果之后，高管迅速围绕转型计划进行调整，他们现在拥有了丰富的经验，夯实了基础，便可以追求更宏伟的目标。

- 分清难易，对目标进行排序。每个用例都有自己的回报（投资回报率）和相应的难度。改变整个细分策略非常困难，需要多个利益相关者协作并在整个组织中相互配合，并且其价值很难直接在收益上体现出来。但是，使用网站分析数据定位浏览广告的消费者非常简单快速，并且很容易进行A/B测试。

陷阱5：无法预见风险

数据转型是一项艰巨的工作，并且与所有此类工作一样，荆棘密布、充满风险。看看当今的媒体代理商环境，曾经的"广告狂人"被数字化转型打了个措手不及、一蹶不振，再看看传统广告媒体，同样处境艰难，一落千丈。因为超过90%的新增广告资金都流向了广告平台三巨头——谷歌、亚马逊和脸书。

数据转型通常需要制定新规则，创建新标准，迈向新成功。新获取的数据必须集成到现有的框架中，并且流程变更必须在组织框架内与合作伙伴步调一致，相互配合。可以借助以下两种方法在风险缓解方面抢占先机：

• 确定数据拟合并进行整合。新获得的数据可用于现有架构的哪些方面？代理商合作伙伴是否仍在使用旧媒体受众特征筛选数据？新获得的数据为广告细分和目标定位提供了依据。是否能访问可用于新手机优惠券营销的移动设备数据？是否可以将客户关系管理数据上传到匿名ID？这样就可以覆盖80％不在脸书上打开促销电子邮件的消费者。

• 更换管理层。并非每个员工和流程都能适应数据转型。要根据你在入市计划中选择的初始用例，寻找实现转型所需的技能和人员。是否有真正擅长运用传统数据库查询的员工，并且愿意接受新分析方法方面的培训？分析团队是否接受和采纳媒体广告效果的报告方式？

应该对将要发生的变化保持公开透明，并且需要给利益相关者灌输这一理念：其角色和职责会随着新测评方法的出现而调整和改变。认识到这五个常见陷阱，可以帮助你推动数据转型，走向成功。

案例：特纳通过用户数据推动突破性的组织协调

特纳广播公司就是卓越数据中心成功的一个范例。特纳是时代华纳旗下的全资子公司，在能力成熟度模型的各个阶段都取得了快速发展。特纳广播公司拥有并运营全球最重要、最优质的一些媒体品牌，包括美国卡通电视网频道、美国有线电视新闻网、体育版块、儿童节目制作以及著名的有线电视节目特纳经典电影频道和特纳电视网等。

我们刚开始与特纳合作时，这家公司面临着大多数主要媒体公司都在面临的许多挑战：传统受众迅速分化，转向数字渠道，热衷脸书和其他数字平台，并且内部数据孤岛化，难以销售跨数字和传统渠道的客户广告套装。时任特纳广播公司数字战略执行副总裁兼首席数据策略师——斯蒂芬诺·金，受首席执行官特许，临危受命，着手解决这个问题。简单地说，他的策略就是利用用户数据，通过网络、移动平台和高端平台与特纳公司的受众进行交互，增加基于受众的销售收入。考虑到特纳的内容渠道和网点的多元化，这是一项艰巨的任务，如果领导者意志薄弱，就很容易打退堂鼓。斯蒂芬诺说："我们知道我们拥有多元化的品牌和引人入胜的精彩内容，这是很好的出发点，而且我们也知道，我们的受众对这两者都热情参与，用户黏性较高。问题在于，随着行业从传统媒体购买指标转向基于用户的衡量标准，我们需要证明，我们的受众在整个多平台消费者购买历程中都有很高的价值。"

该解决方案首先整合了特纳广播公司在所有消费者接触点的第一手数据，并使用了数据管理平台，其中，特纳借助第二手和第三方来源丰富其自身数据库，建立高价值的高端受众群。斯蒂芬诺负责这项开拓性的工作，并迅速将其发展为现在所谓的"特纳数据云"，这是特纳公司所有专有数据资产的存储库。斯蒂芬诺对特纳数据云的愿景是，利用身份管理功能和数据管理平台的数据馈送，从多个来源和设备中接收数据，并将这些数据拼接成连接到所有特纳公司渠道的消费者 ID。在特纳数据云内部，特纳公司应用先进的分析和数据科学设计定制受众群体，对线性有线电视和数字用户之间的重叠进行建模，根据消费者与某些广告品牌交互的意向对消费者行为进行预测，并为其几乎所有细分市场进行生命周期的价值评分。

"数据管理平台是统一受众数据的第一步，也是其根基所在。它已成为特纳数据云中技术架构的核心部分，它是连接多个消费者接触点的桥梁。数据管理平台也是促使各个团队就数据的恰当使用和价值达成一致、确定实现数据的技能和能力差距以及从数据中获得更深刻洞见的催化剂。我们还需要来自销售、市场营销、编辑、技术和研究部门领导的持续接纳和配合，并得到高管团队的支持。我们开发了用于内容开发和个性化的高级用例以及更复杂的直接面向消费者的产品，这实际上是公司更大转型历程的起点。"

如今，斯蒂芬诺和他的团队不满足于现状，他们正在扩展特纳数据云，以便将其进一步集成到支持领先广告销售产品、多渠道营销和内容交付以及财务建模的智能系统中。特纳广播公司是第一家采用卓越数据中心方法并在主要媒体竞争对手意识到大数据紧迫性之前数年就实现重大数字化转型的大型媒体公司。"我们生活在一个瞬息万变的环境中，在内容消费方面，消费者的选择空间越来越大。我们的广告客户要求更丰富的解决方案，而技术变革的速度却在不停加快。我们力图围绕恰当的团队和运营模式锚定创新和变革管理策略，从而将我们的消费者和数据置于中心位置。这种以数据和消费者为中心的执行模型为我们提供了更大的成功机会。"斯蒂芬诺如是说。

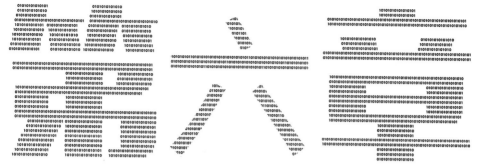

数据驱动型营销竞争的新基础：
具名、个性化及用户参与

我们认为，用户数据是现代营销的动力。但是，如果没有捕获、接收、组织和移动数据的技术，那么，这些数据便如同蕴藏在地层中却无法被开采的石油，不过是摆设，如空中楼阁一般，看上去很美，却毫无实际价值。大数据框架（例如 Spark、Kafka 和 Dawn）是用于提取数据的钻探、压裂和流水线技术。如第二章所述，如果传统的 AIDA 漏斗模型已经消亡，那么传统的数据仓库系统的概念也将消亡。这种系统是为了在僵硬的结构化环境中存储数据而构建的。查询用户数据资产也不再需要特定指令集和持续数日的处理过程。新的数据基础架构能够在几分钟甚至几秒钟内捕获并理解数据，在 10 年前，这种数量和速度是根本无法想象的。

如今的数据技术突飞猛进，所谓的"白日梦"绝非虚妄之谈，一觉醒来，就可能美梦成真。在这种环境下，对于现代营销商而言，至关重要的不仅是要磨炼他们对当下可能实现的事情的认识，还要磨炼他们对即将发生的事情的认识。如果想为自己的事业和公司制定数据驱动战略，就必须转变观念。世界的发展瞬息万变，你的营销棋盘上的棋子也是如此，每年都在发生变化。因循守旧，目光短浅，将注定被时代甩在后面。要在这种背景下制定策略，必须未雨绸缪、随机应变，预测棋子的移动方式，甚至要预判游戏基础结构的变化。黑白棋标准棋盘有八行八列，但是，如果突然变成八行九列或九行九列，你该怎么办？聪明的棋手会迅速调整战略，应对游戏的新布局。现代营销商也必须如此。

三层模型

遵循三层模型（具名、个性化和用户参与）的数据驱动型营销是竞争的新基础，如图 6.1 所示。

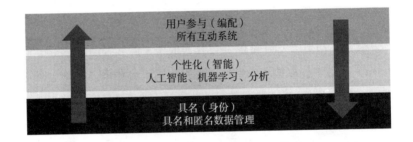

注：三层模型定义了数据驱动营销竞争的未来基础。

图6.1　三层模型

具名

具名和匿名数据管理是构成其他两层的基础。其核心目的是处理具名问题。如第三章所述，数据管理统一并同步来自多个系统和来源（电子邮件、商业、在线行为数据、移动、社交和其他未被发明的来源）的数据，以便营销商可以看到并接触到真实的人，而不是"不识庐山真面目"的无形消费者或 cookie。这一层面向未来的版本包括身份基础架构，由此我们就知道在线观看视频的用户与购买鞋子的用户是否为同一个人。它应该包括执行第四章中描述的所有五项重大举措的设施。最后，它提供了最后一个环节的智能连接，可以跨任何接触点与用户接触。比如，如果需要再次向一位铁杆粉丝发布 Coolatta（冰镇咖啡）的终极自拍，应确保可以在照片墙上与唐恩都乐的 DD Perks 奖励计划会员取得联系。或者，如果服务部门目前正在与一位满腹牢骚的客户协商修复相关的产品问题，则应减少给这位客户关于新产品折扣优惠电子邮件消息的推动频次。

许多营销商已经通过角色构建练习和客户关系管理系统对具名用户进行了深入了解。宝洁公司本可用多年来拨付的资金在几个小国进行调查和考察，打造完善的人口统计和心理角色统计，了解各种真实情况。这样的洞见可以帮助企业弄清为什么某些人更喜欢购买得宝纸巾而不是 Brawny 纸巾。但现在，具名用户已经分化成了数十个不同的细分市场以及数十个可寻址平台上的上千万个用户身份。在这种新背景下销售得宝纸巾意味着对用户数据做出战略性承诺，并在数据管理方面进行了有意义的投资，这样宝洁才能不断找到得宝纸巾的意向客户，并防止得宝的用户"见异思迁"，转向其他品牌。

个性化

接下来是个性化（智能）层，它可以帮助营销商了解其用户数据中的所有信号，这样他们就可以采取恰当的行动使客户满意。在这一层，我们应该根据这个客户群的属性，向客户发送什么样的创意信息？我们是否应该根据该客户的近期活动和个人资料，将其列为电子邮件促销培养对象，并尝试随着时间的推移对其形成潜移默化的影响？是否应该向他发送一份电子邮件产品推荐（因为他似乎对某款产品感兴趣）？还是直接给他打电话（在客户关系管理系统中向销售员提示"立即致电客户"），然后促成这笔交易？人工智能系统探究大量的粒度数据，并使用机器学习（数据科学）对人们的行为模式进行解析，以推荐下一个最佳行动。

营销商也非常重视个性化，雇用数据科学家处理数据，以做出更好的吸引客户的决策。他们热衷于建立基于网站活动的偏好模型，使用许可归因技术更好地了解哪个营销渠道更可靠、能创造更好的销售业绩，并通过回顾过去的数据建立"生命周期价值"评分制度，帮助他们确定哪些客户更有价值。除非他们能解决身份问题并将决策信息输入可以激活这些信息的系统中，否则这些知识形同废纸，几乎毫无用处。在不知道刚访问营销网站的用户每三年租用一辆新车并偏爱两款轿车的情况下，所有最精准的用户评分和偏好建模都是为了寻找目标而建立的闲置理论和数学模型。我们分别确定具名和个性化层，是因为它们带来了截然不同的问题，但通过这种方式，它们变得密不可分。

在20世纪末和21世纪初，数学模型的建立需要回答这些脱离实际执行情况的个性化相关问题，并且通常在归因和媒体混合建模工作完成后才展开。值得庆幸的是，近年来，执行和分析的关系日益密切。考虑其动态性的最佳方法是将大齿轮（归因或混合建模算法）与小齿轮（在用户的浏览器或设备上执行某些操作的一段快速切换代码）相结合。归因和媒体混合建模算法通常根据每周的节奏，在批量处理模式下进行离线计算，并通过更新底层数学模型的缓慢变化参数起作用。在线算法将离线算法的结果与特定用户的操作相结合，实时对用户体验进行个性化，并在运行时做出决策，以便在特定用户浏览的下一页显示红色汽车而不是灰色汽车，就像标致雪铁龙公司在动态内容个性化中所做的那样。

如果没有将分析和执行相结合，哪怕最强大的人工智能也会像失去语音合成器的斯蒂芬·霍金一样，纵然天赋异禀、满腹经纶，也会被埋没，无法向外界传达自己的想法并构筑伟大的理论。通过这种方式，感知、接触和意会可以越来越实时地共同展开。在不久的将来，它们将通过被称为"流水线"的功能紧密结合在一起，下一章中会对此进行讨论。

像任何新技术一样，人工智能从业者都使用让人云里雾里、摸不着头脑的行话（例如，多层神经网络、高斯混合模型等），然后以行业权威自居，自认为聪明绝顶，不容置疑。作为一名从业者，其目标不应是积累一大堆貌似高深莫测的时髦词汇，而应坚持不懈地将团队重点放在这些新技术带来的实际效益上。人工智能可以解决很多讨喜但无关紧要的问题。你必须目标明确，最重要的是，要找到一条最快的路径，为你的公司带来实质回报，并使自己的事业上一个台阶。

用户参与

最顶层是常被忽略但日益重要的一层。这一层也叫"编配层"，用于协调关键的时间和地点决策。我应该何时在销售人员的用户关系管理系统中发送"试驾奖励 500 美元"或"立即结束这笔交易"的信号？我应该在目标对象观看在线视频之前还是之后发送电子邮件促销广告？如果我们承认竞争激烈的现代营销需要对用户的行为轨迹有透彻的了解，并且对何时向何地发送正确的消息有确切的认知，那么我们就可以投入运行了，但不能逃避编配的根本挑战。

编配需要深入了解序列和组合的效能。例如，有关组合的可落地智能可能表明，与仅包含电子邮件、社交和广告位展示的组合相比，包括电子邮件、视频、社交和广告位展示在内的接触点组合产生的转换率要高出 27%。在本示例中，视频与其他频道和接触点结合使用时可以产生可观的效益。

老道的营销商开始利用这些组合效应获得令人兴奋的成果，尤其是考虑到困扰数字媒体格局的不均衡低效促销。考虑到少数寡头企业在社交媒体中实施的渠道控制，经常将库存促销定价设定为临界价格，而直邮等利用率低下的渠道可能提供更高的性价比（有些出人意料）。鉴于太多归因和媒体混合模型隐含的要求，正如金融家希望将定价过低、预期回报率更高的资产类产品纳入投资组合，精明的营销商也越来越希望通过许多渠道和接触点（而不仅仅是单个渠道或最后一个接触点）优化营销支出的总体效果。

凡事都需要一个过程。比如，一个男生刚认识一个女生就捧着一大束玫瑰花向对方求婚，女生会感觉莫名其妙，惊慌失措。但是，如果这个男生耐心一些，邀请对方吃饭、看电影、逛公园，慢慢培养感情，然后再送花，这个女生自然就很容易接受了。对于一个与潜在客户打交道的营销商来说也是如此。经验告诉我们，给予用户足够的尊重和耐心，并运用一些小技巧，根据具体情况调整消息推送顺序，可以大大改变其参与和响应的意向。

通过查看推送消息的时间戳序列，营销商可能能够确定费用低廉的展示广告对用户参与度提升的贡献大于昂贵的视频广告。如果你知道，在 25 美元 / 千次的视频广告前加上 2 美元 / 千次的横幅广告就能使特定促销活动的完整视频浏览量增加 20%，同时也知道完整视频浏览量的增加使客户购买意向随之增加了10%，那么，可以肯定地说，你会对这些消息进行排序，以便在视频广告之前进行展示。

具名、个性化、用户参与（编配的顶层）的大统一就是我们所说的消费者购买历程。这不是无稽或无聊的抽象概念。相反，这是一种可操作的结构，开拓性营销商正在使用这些结构推动当今更深入、更有效的消费者参与。

消费者购买历程

在第三章，我们讨论了数据输入和数据输出。在第四章，我们讨论了数据回传，并解释了它指的是可以捕获和时间戳化的、来自可寻址交互的所有数据。用户何时点击展示广告？查看了什么创意内容？用户与网站的哪一个版块进行了互动？用户何时响应短信推送的内容？孤立地看，其中每一个事件几乎都毫无用处。但是，如果按顺序将它们拼接在一起，将构成对营销者而言至关重要的消费者购买历程的清晰画面：下载、试用、点击、电子邮件回复、购买。

消费者购买历程需要进行数亿次互动。以一定的顺序（而不是组合打包）将其可视化，了解消费者从品牌首次推送一直到特定事件发生（例如，网站访问或网购）的参与方式。一个典型的消费者购买历程分析需要对数千种不同变量的模式进行提炼。表 6.1 显示了一个实例。我们为一家电视广播公司分析了一个特定的数字营销活动，其中包括 601 个不同的展示位置，144 个广告，几十个不同的创意广告，33 个不同的促销活动，针对数千个网站的数十个受众群。完成数学运算后，你将很快了解组合的复杂性。实际上，在

数据驱动

一次促销活动中可以出现上千万种组合。

表 6.1 电视广播公司的一个特定的数字营销活动

源清单		
活动源	属性类型	属性
广告曝光（或称广告效果）	植入式广告	601
	广告	144
	创意样式	144
	广告宣传	33
	渠道	1
点击浏览	植入式广告	411
	广告	141
	广告宣传	28
	渠道	1
活动事件	活动事件	16
像素	站点	26
段名	转换器	历程
A&E_BatesMotel_{DFP}	0	27 045
A&E_BatesMotel[3rd]_{DFP}	1 688	802 210
A+E_BatesMotel[A+E]Suppressed_{DFP}	332	75 573
A+E_BatesMotel[WB]_{DFP}	332	75 573
A+E_BatesMotel[WB][A+E]_{DFP}	332	75 573
A+E_BatesMotelOnly_[WB]_1 × 90	51	9 096
A+E_BatesMotelOnly-Overlap[WB][A+E]_{D..	0	34
A+E_BatesMotelOnly[A+E]Suppressed_{DF..	125	23 340
A+E_BatesMotelOnly[WB]_{DFP}	125	23 340

续表

源清单		
段名	转换器	历程
A+E_BatesMotelOnly[WB][A+E]_{DFP}	125	23 340
A+E_BatesMotelOverlap[WB][A+E]_{DFP}	1	130
A+E_UnRealAffinity_[A+E]	37	13 583
A+E_UnRealShowfist_[A+E]	131	86 104
AccountType_Anonymous_[FLX]_2	1 666	557 816
AccountType_Authenticated_[FLX]_2	398	61 621

注：这份报告显示了分析客户历程的所有变量：数十个客户群，数百个广告展示位置，多个广告创意等。

借助按顺序查看广告投放的功能，可以确定成本低廉地展示广告本身并不是有效的，但它们可提高 30 秒完整广告视频的浏览量。还可以进一步预测，观看完整视频广告的潜在消费者很可能会转化为实质客户。如上所述，成本相对低廉的展示广告可推动完整视频广告浏览率的提升，进而带来更高的销售量，这只是投资组合效应的一个例子。

图 6.2 显示了一个堆栈排序的消费者购买历程序列，这种序列能带来可测量的转化率提升。了解这些内容可以帮助营销商激活特定的消费者购买历程并管理不同参与度系统（例如电子邮件、短信、广告位展示、视频和手机广告）的交互方式各异的推送。因为这些系统不局限于媒体，所以营销商可以使用消费者购买历程，了解某些"现实"接触点（例如与呼叫中心的交互或社区网站上的评论）是如何影响消费者的整体品牌参与度或产品购买的。

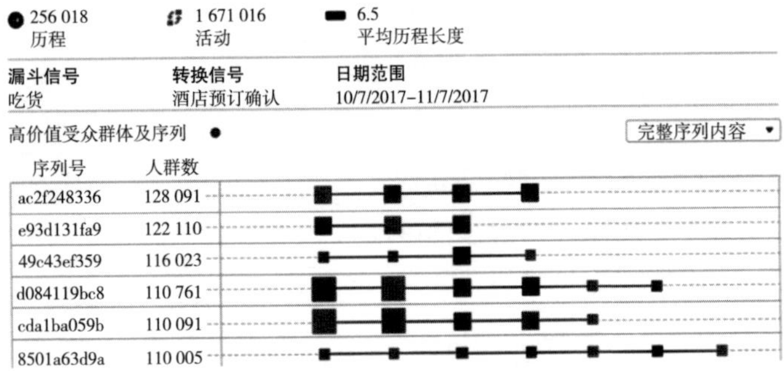

序列号	人群数	
● 256 018 历程	⇄ 1 671 016 活动	▬ 6.5 平均历程长度

漏斗信号　　　　转换信号　　　　日期范围
吃货　　　　　　酒店预订确认　　10/7/2017~11/7/2017

高价值受众群体及序列　●　　　　　　　　　　　完整序列内容 ▼

序列号	人群数
ac2f248336	128 091
e93d131fa9	122 110
49c43ef359	116 023
d084119bc8	110 761
cda1ba059b	110 091
8501a63d9a	110 005

注：这份报告显示了 256 018 个消费者购买历程，其中包含超过 160 多万次个人活动。转化之前，平均每个历程有 6.5 个接触点。

图6.2　针对一个热门旅游网站的消费者购买历程洞见报告

案例：斯巴鲁的消费者购买历程分析让更多人试驾

斯巴鲁澳大利亚分公司在开始分析其消费者购买历程数据时，可以很明显地看出，一系列特定的接触点总是会带来更大的提升，促使更多人在其网站上填写请求试驾表。有意向试驾的客户极有可能找到经销商，上车试驾，并最终购车。消费者购买历程经过数月和多个接触点，涵盖了潜在买家距离所考虑的品牌越来越近或越来越远的所有关键时刻。

只需要通过逐页分析网页访客填写请求试驾表的历程，斯巴鲁就可以了解什么是理想的消费者购买历程。通过优化或剔除在历程中产生下滑的关键点，斯巴鲁将请求试驾表填写数量提高了 10%，随后每个月经销商门店的客流量增加了 10%，这是一个惊人的增长数字，考虑到每售出一辆汽车的平均收入则更为惊人。如果能够访问基于时间的数据，并根据购买者类型对个人购买历程进行细致的了解，那么这一切都会变得与众不同。

借助消费者购买历程分析，经验丰富的营销商不满足于巧合性业绩增长，（哇！谁知道向客户发送电子邮件促销函之前给他们推送一段广告视频会产生如此巨大的效果！）而是致力于设计出能可靠地产生他们所追求结果的客户历程。

　　对于所有可用的渠道和接触点，实际上有数十亿个可能出现的序列。在组合数学算法中，准确地发现最有效的前 10 个序列需要经过长时间的锤炼和识别。

历程：概要	历程：序列及组合		历程：属性	历程：受众	历程：沙普利值

源清单

Krux来源	属性类型	数值
广告效果	插入式广告	7
	广告宣传	2
	渠道	3
	创意样式	3
点击	插入式广告	2
	广告宣传	3
	电子邮箱	2
	广告	1
活动事件	活动事件	3
像素	电子邮箱	2
	站点	3
销售接触点	销售	3

段清单

名称	转换点	历程
Brawly促销优惠券	68	2 452 670
Brawly身边的巨人	120	1 222 013
Brawly美国制造	68	162 670
Brawly伤残军人	65	9 088 001
集市—优惠券	539	18 947 758
集市—西班牙裔	190	21 267 637
集市—妈妈辈	310	26 852 402
集市—西班牙语站点	878	1 252 226
集市—店铺位置	79	3 058 874
集市—故事	78	6 669 978
欧洲、中东和非洲忠诚度	821	19 876 043
欧洲、中东和非洲彩票抽奖电子邮箱	1 073	8 381 089

转化的主要驱动因素是什么？

排名	历程实体	全称	提升	转化率	转换点	独立访问量
1	属性	Pinned to Pint..	43.86	2.63%	2	76
2	序列	Channel:Vide..	36.72	2.20%	3 547	160 982
3	序列	Creative:Pixie..	23.09	1.39%	3 460	249 708
4	属性	Country Fair..	12.91	0.77%	100	12 908
5	段	EMEA Sweep..	11.22	0.67%	508	75 432
6	序列	Creative:Pixie..	6.86	0.41%	220	53 469
7	属性	Hulu:15 18-4..	2.48	0.15%	67	45 098
8	组合	Click:AOL Re..	1.36	0.08%	237	290 543
9	组合	Event:Pixie S..	−1.37	0.04%	8 914	20 390 964

提升排名
1 ────── 76

历程实体类型
（全部）　▼

全称
（全部）　▼

历程实体类型

注：例如，营销活动可以包含数亿次活动、数据输入、数千万次旅行，或者从初次接触一个品牌到购买之间的一系列事件。只有机器可以从如此庞大的数据集中迅速得出结论。

　　图6.3　一个典型的消费者购买历程洞见报告的源清单

让大象起舞，盘活大企业

　　编配有效的消费者购买历程还需要把握时机，盘活大企业。假设你是一家航空公司的营销人员，你的数据管理系统可以识别从迈阿密到纽约的旅客，并且你正在定位受众群体，设法促使其乘坐供应过剩的航班。如果你的代理商或营销团队购买广告所依赖的系统（需求方平台）需要一天甚至一周的时间来接收和执行第三章中"TIE 战斗机"机舱中心发送的信号，只怕会延误时机，你尝试推销的航班可能会在媒体系统开始向从迈阿密飞往纽约的旅客推送消息前就已经起飞。这种动态效果实际上适用于各种广告形态：手机广告、社交广告、视频广告、游戏广告和展示广告。

我们称其为"你能收到我推销的内容吗？"原则，这是一个有价值的原则，你可以与外部技术供应商和内部信息技术团队就此进行讨论。如果最后一环的执行系统无法捕捉到第一手数据管理系统推销的东西，那么，哪怕使用多渠道编配的最完美策略也无济于事。令人欣慰的是，所有这些系统之间的集成已经形成了一个固定模式，所有主要供应商中的大多数技术团队都知道如何进行所需的协作。但是，从业者的明智做法是，注意普遍存在的挑战，并敦促其合作伙伴迅速完成。

人工智能、编配、数据管理缺一不可

尽管当今的营销商不需要在模型的每一层都有专家级的能力，但他们需要对可能产生的效果和收益有实际的了解。营销商可能擅长使用世界上最好的人工智能生成分析结果，但这种结果只有在脱离媒体推送的情况下才能满足人的好奇心。营销商可以完美地将跨渠道推送系统组合在一起，以使电子邮件、移动设备和展示体验协同工作，但是这些营销商无法吸引合适的用户，因为他们缺乏跨设备识别客户所需的数据管理技术。他们也许能够执行与任意触发器相关的序列和组合，但是由于没有人工智能告诉他们要发送给谁、何时发送、发送什么内容，他们的编配引擎就像一个美丽的舞者，力道十足，柔韧灵动，但仿佛被孙悟空施了定身法，一动不动，纵有百般技艺也无从施展。

一言以蔽之，如果没有人工智能或编配，数据管理就只是个庞大的数据存储器，有精心设计的管道但缺乏洞见和协调。如果没有人工智能，数据管理很快就会出现各种错误。如果没有编配，数据管理发出的信号全凭运气，根本无法算准发送的时机。恰当同步、合理编排、数据管理、数据编配以及人工智能构成了所有面向未来的营销引擎的支柱。

Salesforce、甲骨文和奥多比等大型软件公司将这一层上的功能整合在一起，构建营销云，旨在为首席数据官提供一站式服务。随着消费者将注意力转移到数字体验上，营销商需要比以往任何时候都更加技术化，这导致了首席数据官、首席体验官和首席数字官的爆炸式增长。他们的大部分工作是致力于利用各种技术将营销目标转化为切实的成果。这些工作始于许可编配系统，例如广告服务器、电子邮件平台和社交媒体工具；然后演变为数据管理层，以统一用户的身份，并连接他们构建的管道；目前依赖人工智能的应用具有进一步的竞争优势。

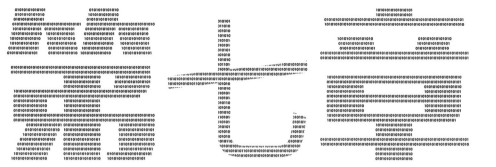

关于数据驱动型营销未来发展的
七大预测

未来我们日常能进行超低价的超音速旅行，通过个性化的基因疗法解决所有遗传缺陷，在死后用数字技术存储和投射我们的意识。我们并不知道所有这些事情会在何时发生，我们只是假定它们将会发生。

这看起来多么容易！人类越是发展，预测未来就变得越容易也越有趣。

而越接近当下，就越难预测。首先，人们很容易将精准与接近混为一谈。数字营销在这方面提供了一条客观的教训。在 1999 年，佩珀斯和罗杰斯提出了"一对一营销"，认为这必然能在 21 世纪初实现。这个想法得到了认同，但并不可行。当时使用的是关系数据库技术，通常需要 8~12 个小时才能计算出一个消费者是不是威斯康星州蛋黄酱爱好者且家里至少有四口人。我们之所以了解，是因为当时我们尝试了，但失败了。15 年后，我们在几分钟内就能计算出蛋黄酱细分群体，之后还会迅速发展到只需要几秒钟。但是，这种"一对一营销"的前提是只推送单个广告或者只将广告实时推送给个人，这一点我们至今仍未实现。

其次，未知因素也是美中不足的一点。它们经常会令人愉悦和惊奇，也可能会让不幸突然降临在我们身上。15年前，当我（汤姆·查韦斯）第一次看到摩托罗拉手机上的相机时，我认为这是我见过的最愚蠢、最没用的东西。当你已经拥有一台完美的数码相机时，为什么要用手机拍摄模糊不清的照片？在错误学的史册中，我对手机短期必然流行的质疑，使我沦为基督教末日狂热者和气候变化否认者的同行。像许多人一样，我很快便不得不修改自己的假设，适应新的规范。未知因素会颠覆先前的假设，并扰乱你对自己喜欢的和自己知道的东西的认知以及我们的前进方向。

尽管存在种种危险，但我们认为如果不就未来几年数据驱动型营销的发展方向发表看法，我们就将再度错失良机。我们的目标不是有先见之明或完美无缺的。（这让我们回想起《新娘公主》中的胡姆普丁克亲王，他经常以"除非我错了，而且我永远不会错……"开始他的恶意宣告。）我们的志向是勾勒出我们的朋友保罗·萨福所说的"不确定性的概念"，[①] 从现在开始，以有条理的方式展开，构建出可能的范围，并借此确定可信度。以这种方式刺激和调节你的"未来感应器"，我们希望使你变得对新奇的事物敏感，帮助你预见即将发生的事情，并提出有用的问题，以帮助供应商和合作伙伴管理宣传—现实比率。我们甚至可能会试图通过挑衅让你反驳我们的预测。

预期未来最好的方式就是亲手打造它。

---

① http://longnow.org/seminars/02008/jan/11/embracing-uncertainty-the-secret-to-effective-forecasting/.

人工智能让营销更有战略意义

将两个正数相乘且积等于常数 C 时，就称这两个变量成反比例关系。其中一个增加，则另一个必然减少。这种关系的一个例子就是玻意耳—马略特定律 $PV = C$，它描述了气体压力与其体积之间的反比例关系。如果容器中有蒸气，则玻意耳—马略特定律告诉我们，容器较大时，蒸气施加的压力将很低。这很有道理；更大的容器使蒸气分子有更多的漫游空间。相反，如果容器变小，则会使蒸汽占据的空间减小，从而增加其压力。

基于工作流的系统与基于人工智能的系统之间也存在类似的相互作用。我们称之为"Salesforce 工作流程定律"：

$$人工智能 \times 工作流程 = C$$

简言之，随着用于运营业务的技术智能增加，用于工作流程的时间和资源会相应减少。当人工智能有更多漫游空间时，自然会减少对工作流程的需求。

从概念上讲，人工智能实现的体验是通过其独特的设计减少了响应和记录所花费的时间。这种体验为做事、思考、解决问题、合作、支持和谈判创造了更多机会。借助人工智能，员工能够自然地与为企业带来真正价值的动力相关联。更妙的是，他们毫不费力地用手机积极开展工作，这是他们真正需要的唯一"母舰系绳"。

当你可以预见即将发生的事情时，应抓住机会，并在问题显现之前采取预防措施，这将减少你"灭火"的时间或需要费力排查的问题。当你使用的工具展现出各种可能性，并建议采取下一个正确的措施时，你便无须再为分类账或软件系统中的每一个举动进行解释。在以人工智能为基础的业务中，员工负责销售、服务和支持客户，而不是像在苏联时代的集体农庄中的官僚那样只负责检查状态和记录行为。在人工智能的帮助下，员工可以优雅地对意外做出回应，这就减少了对政策和程序的需求，降低了工具的价值，这些事务的唯一目的变成了加强对预先定好的流程的遵守。

让我们来思考一个传统客户关系管理的例子。在过去的世界，推销员在得到线索后，将客户吸引到一组较短的销售周期中，然后回到他们的客户关系管理系统中，记录潜在客户已经从口头答应转变为签订合同。启用人工智能的现代系统不仅可以做记录，还可以进行推荐。在新世界，人工智能根据潜在客户在相似地区或市场中的行为及购买者属性，提供线索和策略，将潜在客户的态度从好奇变为认真考虑。系统会自动更新，反映销售周期的进度，而不会有传闻和逸事等混乱情况，减少销售人员的内在动力偏见，避免传达与实际情况不符的信息。有时实际情况比销售人员传达的信息要好，过度保守的销售代表（故意在竞赛中表现不佳以获得不公平优势的人）可能会低估客户成交的可能性，系统也可以减少销售人员的这种偏见。

在现代营销领域，工作流程与人工智能之间的逆向关系尤为突出。尽管与消费者参与度相关的大量数据会使市场营销更多地由数据驱动，但这并不意味着市场营销人员会像华尔街的定量分析师研究数字模式那样紧盯屏幕。通过人工智能，营销人员可以获得有关客户需求的信息，包括他们喜欢什么，讨厌什么，他们在什么情况下会犹豫。反过来，这又推动了更多的认知工作，让营销人员有了新的工作重心：要建立消费者的新理论，快速测试新的客户参与方式，开辟新渠道。在有人工智能帮忙的新世界里，营销人员仍在与软件进行交互，但是他们花在日常工作上的时间与花在策略上的时间比例发生了巨大的变化，且这种改变是永久性的。

与传统的客户关系管理一样，记录并协调广告活动的步骤，并不是营销人员的最佳时间利用方式。这些工作可以交给机器。随着数据驱动方式不断生根发芽，现代营销人员的日常工作将发生以下变化：

- 不用说明定位条件、广告投放明细和广告创意，而是指定广告参与度指标，包括期望的转化次数、销售数量，以及整体结果数。

- 有了端到端的跟踪、衡量和品牌有效性策略，营销人员终于有了衡量品牌意识受活动影响的方法。

- 跨渠道的媒体优化最终成为一种完全由机器驱动的体验。在合适的时间以合适的价格吸引合适的受众以实现合适的结果成为一种规范，最终它将摆脱如今所处的状态。

数据渠道的持久区分作用

大约两年前，可以说是全球最先进的人工智能公司——谷歌将其用于大部分机器学习的算法 TensorFlow（端到端开源机器学习平台）引入了公共领域。通过把 TensorFlow 变成开源平台，谷歌有效地将其"皇冠上的珠宝"送给了全世界。为什么谷歌会这样做？

一种可能的说法是，通过使 TensorFlow 开源，谷歌可以在全球招募更多的人才来改善它。但是 TensorFlow 在谷歌做出决定之前已经过防火测试，并且开发得非常出色，而谷歌也不是慈善机构或非营利性组织。开源 TensorFlow 证明了人们有更深入、更具战略意义的理解——算法的重要性远不及提供给这些算法的数据。站在我们的角度来看，谷歌坐拥全球最大、最有价值的数据存储库。

随着 TensorFlow 之类的算法和许多其他人工智能技术的成熟，非专业人员可以通过完善的界面和广泛使用的工具集来快速部署它们。例如，硅谷旗下的很多公司都是由收入高、自学成才的技术人员创办的，他们没上过大学，也从未学习过高等数学。尽管如此，他们还是成功地在各种问题领域中开发出了先进的人工智能系统，在发生故障之前应用传感器数据检测出产品中存在的问题，或者通过筛选大量来自用户的信息，查找仇恨言论或虚假新闻。他们之所以能够实现这些突破，是因为这些工具易于使用，并且基础算法一致且稳定。因此，人工智能的崛起以一个有趣的讽刺为特征——能专业性地部署人工智能的人不是人工智能专家。

因此，我们试图聘请机器学习专家，并从头开始开发自己的人工智能技术。希望在新的数据驱动领域取胜的公司将大失所望，它们无法用谷歌的办法超越谷歌，谷歌甚至已经表示专有价值并不归功于其人工智能。随着每家公司都收集了更多数据，并应用越来越容易使用的人工智能来处理数据，隔离未来竞争优势的来源变得非常棘手。

让我们想象一下，两家公司使用基本可比较的数据存储，在面向消费者的行业（例如，快速消费品、旅游或娱乐）中竞争。我们如何预测哪家公司将赢得这场有消费者参与的战斗？我们相信，赢家是在收集和连接消费者数据时，使用有关键极客式内容基础架构的公司。我们称其为"流水线化"，即具备在三层模型中垂直进行数据同步的能力，并确保数据的访问和激活。这些数据要具备以下特性：

- 有弹性

- 可自我修复

- 可得

- 足够正确

- 可驾驭

- 安全

- 干净

让我们对它们进行解压，以便与营销云供应商或内部信息技术合作伙伴进行正确的对话。

有弹性意味着随着数据集的扩大，可以添加硬件和软件来管理它们，从而使它们作为单个逻辑实体运行。有了弹性的特质，就无须再为一台大型计算机增加更多的内存或存储空间，我们可以通过即插即用的方式快速添加多台计算机。当合作伙伴的大量新数据或新的营销活动突然到来时，无须耽误两个月时间等硬件到货，信息技术部门也可以安装和配置新数据库，弹性使我们可以立即攫取和整合数据。

弹性是自我修复和可得性的前提。如果某个硬件（被技术人员称为"节点"）崩溃了，其他硬件就会接替这个硬件，整个系统可以很好地吸收冲击。只要愿意为流水线提供新硬件，系统就会保持在线状态并始终可得。这不是理所当然的：它是对旧方法的重大变革，在旧方法中，信息技术管理员要一次将大型系统脱机数小时或几天，以进行维护、调整和重新配置。

可得性主要包括两个方面：何时可得、何地可得。高度可得的数据管道可确保你能以及时做出业务决策所需的速度访问数据和结果。当被问及"从12月到2月，明尼苏达州有多少妈妈购买了奶油奶酪？"时，具有高度可得性的管道可以在几分钟甚至几秒之内（而不是一天或一周或在每月的营销报告中）提供答案。可得性的地点要求将数据以不同的形式存储在包括浏览器和设备在内的多个位置的不同粒度中，以便在需要数据时进行激活。在这个意义上讲，流水线构成了数据结构的概念，我在第一章中已经提到这一概念，现在我们要聚焦于此。数据结构就像一床被子，涵盖了尽可能广泛的设备、用途和接触点的阵列，所有这些数据结构均由在后台安静运行的互连管道提供动力。

在Krux的一个重要时刻是，我们认识到在进行实时决策时有某些数据要比没有好得多。换句话说，数据的可得性胜过数据的一致性。随着分布式数据存储系统的日益普及，基于此类系统运行的服务已经包含最终一致性的概念。接受过老式培训的信息技术团队经常会面临这样一个问题：除非他们100%确信所有数据都已到位并且100%一致，否则他们就认为不能发布数据。例如，在商业系统中，单个用户订购的产品并不总是与交付给同一用户的产品相匹配。如果你想知道消费者购买了多少产品，则可能会因查询的时间不同而获得不一致的答案。相比于没有任何信息，你很有可能倾向于获得一些信息，尤其是当信息反映了某种快速变化的现象（例如，客户订单）时。管道传输使你能够始终保持对数据的访问，并确保如果你请求的数据不完全一致，管道传输可以很快给出一致的数据。从这个意义上说，正确设计的管道可确保足够正确的数据不会妨碍完全正确的数据。

管道可以自我监控，可以随时轻松检查通过管道的数据的位置、粒度和来源。它们知道自己是否已损坏，并且可以发出"ETL损坏，现在修复"和"数据在其中一个来源被破坏，现在重新存储"之类的信息，自动报告状态。（见图 7.1）。

月度用户ID类别汇总		
用户类别	用户数量	总量占比
KUID 代码	3 511 472 553	88.07%
Safari	378 476 620	9.49%
IOS	35 993 893	0.90%
第一手数据用户	29 449 517	0.74%
安卓	21 489 871	0.54%
其他	10 358 869	0.26%
总计	3 987 241 323	100.00%

注：著名的推特失败鲸鱼（左图）和微软臭名昭著的死亡蓝屏（右图）让消费者意识到后台运行的软件和数据流水线的复杂性。

图7.1　数据流水线是现代商业的基础

2010 年我们认为第三方数据正在走向商品化，而一手数据对市场和发布者的价值将会飙升。站在我们的角度看，这在很大程度上已经实现。正如我们在此过程中所描述的那样，组织越来越倾向于建立第二手数据共享关系，以允许他们根据选择的条件和时间与选定的合作伙伴共享数据。如果 Ticketmaster（全球最大的票务公司）与 LiveNation（全球最大规模的演唱会推手）决定以点对点的方式将数据提供给喜力，则 Ticketmaster 和 LiveNation 需要确定一旦使用期限结束，共享的数据仍归属 Ticketmaster 和 LiveNation，喜力不再能够获得这些数据，这些数据也不会被泄露到任何喜力的系统或喜力合作伙伴的系统中。然而，任何人都无法提供这些保证。更智能的管道执行逻辑，是以遵守不断发展的数据隐私法规和标准，以及管道中的数据在合作伙伴之间进行转换和传播时强制实施所有权。当使用策略管理的流水线时，你不再需要发送包含有关所有用户的有价值信息的海量数据文件，取而代之的是，你可以在预先确定的细分受众群中共享更狭窄的用户子集，并通过被我们称为"受限数据租赁"的方式来确定和执行条款和定价。

管道的最大功能是通过我们所谓的"链接"来实现的，"链"是将多个管道合并，以构建更大的管道机制。因为每个管道都有内置的来源和合规性控制，所以由单个管道构建的所有链条都会自动继承其组成部分的来源和合规性控制。你会对以这种方式进行架构设计的管道充满信心，因为它的每个阶段都是安全的，因此用于运营业务的任何数据都不会侵犯隐私或带来采购风险。每个上游管道都仅将经过授权的、合同清晰的数据释放到管道中。

如果没有有效的流水线操作，就几乎不可能实现协同，因为在此情况下无法按照用户切换表面的速度来刷新用户在其历程中每一步的数据。如果管道需要一天的时间进行刷新，那么每个协同步骤的速度都不会比这一速度快。这意味着你不会看到从早上的电子邮件转移到下午的视频的用户。像这样的延迟不匹配阻碍了大多数协同工作。简言之，你无法协调看不到的内容。快速灵活的流水线化就是解决方案，且无疑将为未来第二层的成功协同提供动力。

消费者物联网促进客户关系管理

我们发现那些每分钟都与我们互动的设备和小玩意，都在收集关于我们好恶的宝贵数据。这种物联网小工具构成了一种新的数据结构，几乎涵盖了我们日常生活的方方面面。正如我们所论证的那样，寻求与消费者互动的数据驱动型公司明白，要赢得信任和关注，就需要在整个结构中与消费者互动，不仅是笔记本电脑和手机，还包括音乐播放器、电视、健康监测器、恒温器、冰箱，甚至咖啡机。企业无法依靠任何单一设备或渠道得知消费者想要的东西，而是要利用众多接触点的"交响曲"——消费者物联网。

客户关系管理的坚定拥护者可能会听到这样的声音："很好！只需将所有数据传送到我的客户关系管理系统中，就可以将其用于销售和服务客户。"但是，传统的客户关系管理并不是为处理来自消费者物联网的数据量并加快处理速度而设计的。消费者物联网不仅是一种新的数据源，它还是一种新的数据结构，需要一个全新的基础来捕获、分析、分段和激活数据，现在它被称为"数据管理平台"。基于新技术（而不是 20 世纪后期的技术）构建的下一代数据管理系统自然可以应对消费者物联网抛出数据的量和速度。最佳的同类供应商已在努力重构现有的客户关系管理足迹，以使它们为将下一代数据管理平台应用于物联网做好准备。

客户关系管理和消费者物联网之间的区别不仅在于数据的来源和用途。我们的口头禅是，手持设备不会购买啤酒或旅行包，但人会买。但是，麻烦之处在于：这些令人讨厌的设备在这种新结构中被"缝合"在了一起，而且对我们很了解。几十年前，当第一次创建客户关系管理系统时，我们开车去旅行社，通过与旅行社交谈来记录我们对度假旅行包的兴趣。这是高度有意识的行为。如今，通过采用本书所探讨的数据管理技术，无论你是否明确意识到，航空公司、连锁酒店和在线旅行聚合商都可以从你所使用的多种设备中获取数据，并推断出你对何种度假旅行套餐感兴趣。

如果你的公司希望在新机制下促进和管理客户关系，那么在整个过程中你必然会经历从在旧版客户关系管理系统中记录客户的行为，发展为智能地推导整个消费者物联网需求的过程。我们认为这主要是出于以下原因：消费者物联网作为一个类别，将很快包围并颠覆传统的客户关系管理。

消费者物联网会通过革命还是演进来取代传统的客户关系管理？正如这类事情通常发生的那样，我们可能会期望看到达尔文式的混战，一些之前的参与者在混战中死去，一些成熟的参与者成功越界，中间出现了一两个新竞争者。对于从业者来说，考虑未来的技术替代方案需要给予规模、体积、速度和数据多样性等问题更深的关注。你需要与技术团队和供应商进行深入探讨，以回答下列问题：

• 新的客户关系管理可以提取多少字节的数据而不发生故障？客户关系管理为提取不同类型的数据提供了哪些应用程序界面？大规模吸收数据是否需要以批量处理模式运行的应用程序界面和管道？客户关系管理是否以营销人员易于访问的方式提供数据提取的实时和批量处理模式？

• 真正可用于分析和实时激活的数据有多少？

- 客户关系管理系统是否对要提取的数据类型进行了限制？它是否提供"读取时架构"语义并提供数据提取的灵活性，以便提供"查询时间"应用数据模式，而不是"加载和提取时间"？（读取模式架构系统会先存储数据，然后在查询数据时应用分类法，这与需要预先构建分类法的写入模式架构系统相反。设计将查询限制在严格的结构中，从而很难从数据中找到有趣的新见解。）

- 在面向客户的不同系统中，哪种身份解析基础结构正在起作用？你意识到自己是在支持所购买的商务系统，却没有意识到同样是在支持售后服务的系统，这样是行不通的。支持通用身份密钥集的可扩展身份基础结构——包括但不限于各种设备（cookie等）、电子邮件（纯文本和碎片）、群组和家庭——正逐渐成为现代客户关系管理系统的权益要求。新的客户关系管理系统是否提供这样的身份基础结构和随附的服务集？

- 我们正朝着这样一个世界进发，即我的咖啡机比我自己更了解我所喝咖啡的种类，那么客户关系管理是否实现了与在消费者数据管理中越来越重要的设备、应用程序和其他服务的无缝融合？

乍看之下，丰富的设备有点乱七八糟，我们应该怀疑它们是如何联系在一起的。消费者物联网可以通过哪个中央控制点或网关吞噬传统的客户关系管理？要回答这个问题，我们需要考虑搜诺思的故事，这是一家成功连接互联网的音乐系统供应商。

案例：搜诺思为消费者物联网提供网关

10 年前，搜诺思不仅可以提供支持 Wi-Fi 的系统，让用户可以在房屋的不同区域播放音乐，还可以提供使用专有控制器从互联网音乐服务（如潘多拉和 Sportify）以及 iTunes 或其他平台上的个人音乐库中选择并播放音乐的服务。购买搜诺思系统，需要为播放器和控制器付费。搜诺思采取了有先见之明的举措，决定不再将其控制器作为单独的设备，而将其完全迁移到手机应用程序中。如今，我们很容易将此举视为无悔的决定，但搜诺思是在手机应用程序刚刚兴起时就采取了行动。一方面通过将控制器连接到方便小巧的设备上，该公司带给用户轻松地启动和听音乐的体验。另一方面，尽管控制器的销售受到了短期冲击，但搜诺思的收入和产品使用量却增加了。

搜诺思的经验对消费者物联网和客户关系管理具有重要意义。我们的掌上电脑已不再只是多合一的电话、相机和音乐播放器，而是我们用来管理日常生活的遥控器。消费者物联网的控制器可以是掌上电脑，而 iOS 和安卓应用程序是其按钮。站在今天的角度，很难看出苹果、谷歌以及数百个面向消费者的品牌（如亚马逊、优步和 Sportify）之间的稳定平衡是如何突然被颠覆的。在可预见的未来，苹果的 iOS 系统和谷歌的安卓系统终将充当消费者物联网的中央网关。

内容管理系统：重塑、集中并云化

营销人员希望使消费者眼花缭乱，并通过更具吸引力的内容使他们更接近品牌。数字体验产生数据，对内容和媒体的消费本身是现代营销人员的宝贵数据来源。因此，将内容明确纳入我们对未来的看法至关重要。

如今，营销人员用来在台式电脑和移动环境中提供内容体验的软件被称为内容管理系统。在早期的工业互联网时代，从头开始为公司发布的每个新网页编写超文本标记语言（HTML）是很费力的，雇用大量的网页设计师和网站管理员来应对相应的复杂问题既不可持续，也不明智。Vignette[①]等技术供应商明白，公司需要专门人员来管理其网页内容，且迫切需要一种用于存储和管理网页内容，并将其发布到越来越复杂和多层的公司网站上的系统。内容管理系统满足了这一需求。

市场是有效率的，而对于内容管理系统来说，市场更是极度高效的。随着越来越多的公司涌向网络，出现了许多通过内容管理系统提供程序来自动创建和维护公司网站的现象。当诸如 Salesforce 之类的公司开创了软件即服务的按需付费模式时，内容管理系统却完全错过了业务模式转换，继续兜售打包的软件，它们大多是在内部预置交付并安装。竞争的结果是，内容管理系统价格降低以致大多数独立内容管理系统供应商退出，而内容管理系统作为一种软件类别变得统一且便宜。

快进到今天，大多数公司都在使用各种本地系统，并偶尔结合一些外部供应商的组件来满足其内容管理系统的需求。但是它们开始认识到，公司内容管理系统的"杂音"会给自身带来危害并导致效率低下。它们越来越希望获得标准的软件即服务解决方案，也许

---

① http://www.cmsmatrix.org/matrix/cms-matrix/vignette-web-content-management-now-opentext-web-experience-management.

没有它们精心策划的那么好，但是会有较低的维护成本和更稳定、更可靠的升级途径。

一个奇怪的事实是，目前没有软件替代品可以填补这一空白。在对市场效率的认同下，我们认为这种不平衡正在进入调整的早期阶段：

- 下一代内容管理系统将首先被作为订阅服务推向市场。

- 将在云中进行调配、管理和交付，而不是作为本地软件。

- 就像数据管理平台一样，它不能识别手持数据管理平台与台式数据管理平台、平板数据管理平台与机顶数据管理平台之间的区别，它将具有跨设备功能。

- 未来的内容管理系统将从基于提供静态媒体资产和规则的执行演变为以数据为驱动、基于人工智能的执行，该执行可动态部署内容，以保持消费者全程参与。实时个性化不会成为附加组件或单独的模块，而将成为内容管理系统基本功能中的核心功能。

- 最困难的部分是，下一代内容管理系统将支持多种形式的动态内容：超文本标记语言及其所有未来形式，包括视频、虚拟现实等。

对于从业者而言，寻求未来内容管理系统替代品需求考虑的几个关键问题包括：

- 它支持多少个通道、曲面和媒体类型？

- 是真的"软件即服务"吗？是否提供了有意义的升级途径？

- 它是否包括用于实时个性化任务（例如，A／B测试）的本地工具？

- 它是否包括用于与以媒体为中心的传统功能（例如，收入和收益管理以及用户体验管理）无缝集成的本机工具？

多合一的智能营销中心崛起

曾经有一段时间，传统的客户关系管理只需要通过面向批量处理的数据处理千兆字节的数据：客户在电视上看到广告后，在商店购买商品，他们拥有的接触点和屏幕很小。当他们通过供应链进行购买时，就可以表达出他们的偏好，这些供应链在几周或几个月内完成了订单。那是在消费者网络、当日交付和多渠道营销出现之前的情况。无论是购买、出售、浏览、分析、修复还是构建，我们都希望它们能更加个性化。我们希望它们变得完美，而且现在就想让它们变得完美。

我们相信一种新型的B2C（商家对消费者）引擎——我们称之为智能营销中心——很快将使营销商与消费者的每一次互动都变得个性

化且完美无缺。电子邮件系统、视频或广告服务器不会在很难互相通信的各个"孤岛"中执行这种个性化设置。智能营销中心将在空中指挥点协调这些任务。可以将其视为三层模型的实现。

本质上智能营销中心是充当大脑和神经系统的角色，将指令传输到负责为个人消费者提供内容的任何外部系统。这包括数字内容、社交、手机、视频、游戏、虚拟现实等。它可能希望通过标记公司，使在用户面前展示的每种体验（广告、视频、要约、短信）起作用。一段代码可以完成两个简单的操作：将信息发送回智能营销中心并接收指令。更具体地说，它发送与执行相关的信息包，其中包括内容的呈现位置、什么设备、什么时间、什么操作系统以及一个匿名记录消费者的标识符。当消费者的浏览器或设备使用网络来获取将要展示在用户面前的下一部分内容的指令时，它还会收到一个简单的"是 / 否"命令，以在特定时间、特定位置自我激活。我们希望智能营销中心的说明包会越来越丰富，从简单的"是 / 否"激活演进为基于用户情境的更复杂的指导。例如，如果用户移动设备上的运动传感器指示该设备正在快速移动，则意味着该用户可能正在移动。来自智能营销中心的更智能的情境相关指令会在用户停止移动后要求设备提供消息。

对于从业者而言，当你的办公桌上出现类似智能营销中心的可能性时，要注意以下这些事项：

- 大脑是否能够以不同的延迟程度（例如，批量与实时）处理不同来源、不同系统的信号，并在配套的决策框架中有效地使用它们？这类似"你能明白我的意思吗？"

- 智能营销中心的"神经系统"是否完整？大脑能否向所有手指、膝盖和脚趾发送信号？是否可以确保所有相关执行渠道之间的完美集成和互操作性？

- 它可以与几个系统交互？例如，它仅适用于社交和移动设备，不适用于机顶盒和台式机吗？更重要的是，它可以无缝增加对未知系统的支持吗？

- 指令集有多丰富？它们只能获取和发送数据，还是可以做更多的事情？确保消费者获得更深入、更智能的体验的升级途径是什么？

- 有多少延迟？智能营销中心是否可以足够快地发送指令以为消费者提供更具吸引力、更智能的实时体验？另一方面，能否确定何时使用离线机制进行数据传输（例如，亚马逊S3和谷歌云存储）以及何时使用实时在线超文本标记语言应用程序界面？（使用S3发送10GB来自1亿用户和设备的信号数据，比发出数千万个应用程序界面请求以在几分钟内完成数据传输来实现快速可操作性高效得多。）

新的身份数据问题解决方案

我们认为身份管理是现代数据驱动营销的热门。目前，脸书、谷歌双寡头拥有最深入、最广泛的足迹，可用于识别在线、离线管理网络及多种设备上的消费者身份信息。它们有能力使消费者适应独特的身份，从而使它们在营销商的注意力和金钱争夺战中拥有强大的实力。

对于营销人员和媒体而言，双头垄断在市场情况较好的时期通常令人担忧，在其他时期更是会造成严重困扰。尤其令人烦恼的是，它们控制的资产并不是待售商品，而是对最终商品价值影响最大的原材料。谷歌和脸书不会将你出售，而是出售对你来说具有针对性或不具有针对性的广告。它们有能力有效地击中目标，并在自己控制的庞大渠道上发掘几乎不可思议的优势。尽管用于用户定位的身份数据与投放目标广告听起来好像没有什么区别，但这为它们提供了一种"走吧！这里没什么好看的"的叙事，至少目前为止它们能经受住监管机构审查的考验。

这就像是有两家公司拥有全球 90% 的发电能力，但没人知道。它们在外部市场上似乎只是两家非常成功的消费电器制造商，而这些制造商恰恰是由电力驱动的。在这种情况下，这两家公司无疑将拥有牢不可破的市场力量，并控制几乎所有电器和机器的消费和定价，而不仅仅是它们自己提供的电器和机器的消费和定价。抵消这种力量的唯一方法是出现新的电力供应商，并且新的电力供应商能为所有参与者提供可靠的能源。

这可能是监管的结果，但更有可能是由于竞争市场的自然运作，我们认为，在未来 7~10 年，将出现一种中立、可信赖、无广告的谷歌、脸书替代品来管理消费者身份信息。原因如下：

- 市场正在迅速理解身份数据对现代企业几乎所有方面（不仅仅是营销）的重要性。

- 以脸书、谷歌的那种规模处理并匹配身份数据的技术已唾手可得。并非只有脸书和谷歌拥有能完成这项工作的技术。

- 参与者有能力将用户身份数据连缀到足够大，以构成可行替代方案的市场，并开始意识到仅靠它们自己是做不到的，在公开市场上拥有独立发电能力将带来很大优势。

当现代营销人员考虑新的身份数据问题解决方案时，应继续注意以下几个问题：

- 业务模型冲突。可信的身份选择的首要标准是中立。按照我们的例子，双寡头是只出售电力，还是出售电力和电器？身份信息管理是其业务模型的业余爱好、别有用心的计谋还是偶然的副产品？这是它们存在的主要理由吗？一个可靠的替代方案将被应用，以证明它的作用是纯粹的"身份即服务"。竞争的获胜者将经营不受定向广告、商业、内容，或其他任何使它们的目的与营销商和媒体客户产生冲突的业务。

- 深度和广度。大多数人称冷冻水蒸气为雪。同时，因纽特人使用25个以上的单词来表示不同级别和类型的雪。身份信息就像因纽特人的雪一样，对于其品种和种类的解析已经很成熟了。

希望使合作伙伴保持诚实的营销人员将掌握这一新语言，并对那些对身份数据的覆盖范围和密度提出过多要求的玩家持怀疑态度。可信的身份提供者会专门讨论深度（提供者在台式电脑、移动设备、机顶盒等单个方式中具有多大的数据密度）和广度（跨方式连接不同类型的用户数据的全面程度）。在最后一种情况下，了解供应商如何在线下方式（如家庭或电话）、浏览器、手机和电子邮件等渠道之间连接身份信息是尤为重要的。

还记得第二章中的例子吗？有公司积累了大量身份信息，后来却发现这并不能帮助它在基于浏览器的渠道（如台式电脑）上吸引相同的客户群。身份信息供应商正在发挥这种作用：2亿个身份信息令人印象深刻，但是如果没有相应的高密度桌面浏览器或未能在手机浏览器和台式电脑浏览器之间建立大量有意义的桥梁，这就只是一笔固定资产。对于只面向移动设备的营销商而言，仅关注移动设备可能会构成一种价值主张，使营销商可以相对于竞争对手来区分其产品。但是，仅专注于手机、电子邮件或浏览器身份信息的供应商就像一名只会正手打，不会反手打的网球运动员一样。广度代表可以横跨多少通道和表面查看和连接用户，这对于任何下一代身份信息供应商来说都是至关重要的。在评估新的身份信息供应商时，精明的营销商应对某些断言进行核查，例如，我们管理着2.5亿个身份。供应商有多少个电子邮件到手机的桥梁？有多少个通往移动桌面浏览器的桥梁？有多少从线上到线下的桥梁？

如第一章所述，在互联网广告的早期，许多市场参与者通过放置在广告中的像素在用户身上放置cookie，从而在暗处积累了数据。随着新的渠道和表面的出现，数据收集的手段已经超越了cookie和像素，但同样的问题也迫在眉睫。错误的数据会降低消费者的信任度并产生违法风险。

因此，数据的来源与数据本身的质量一样重要。非法的数据是该行业的"血钻"。没有人愿意被发现买卖非法的数据，尤其是在不断严格的监管制度下，这就是越来越多的营销商试图了解其身份信息合作伙伴的数据来源的原因。数据是不是通过身份信息供应商的自身基础结构和提供给客户的服务累积的？数据是从指定供应商的网络中直接购买的吗？提供者是匿名的吗？身份信息供应商和与他们合作的营销商必须回答这些关于数据出处的问题。

使用身份服务的营销商有责任且有必要了解他们使用的数据的实际来源。在某些情况下，身份信息合作伙伴可能在其自己的采购合同中设置相应的限制，阻止他们提供某些特定服务。重新进行身份验证（在开放网页中将用户映射回电子邮件身份）是一个很好的证明了一些身份信息供应商出于合同而非技术原因无法进行交付的例子。我们预计随着市场空间的形成，还会有其他此类限制出现。

区块链技术促进向消费者共享数据付费

我们创建 Krux 时抱有这样一个信念——消费者正处于上升阶段并开始掌控他们的个人数据签名。我们认为消费者会积极地决定公司或其他人可以了解他们的哪些信息，并涌向可以根据自己选择的条件共享个人信息的工具。我们设想了一种与当今模式相反的版本，即个人（而不是公司）会选择将其数据存储在个人数据仓库中，而公司会为了用户信息的访问权向用户付费。我们最早的产品之一——"Krux 消费者"，为消费者提供了选择退出定向推广和跟踪的功能（很久之后，"退出功能"才成为欧盟《通用数据保护条例》和其他监管政策的固定手段），并从外部公司用于定位他们的数据中有选择地删除特定属性（例如，年龄、邮政编码）。我们免费，为上千万涌入我们网站的消费者提供这种技术支持。

但是我们错了。使用 Krux 的消费者不到 1 000 人。

要么是因为我们是不屈不挠的乐观主义者，要么是因为我们太愚蠢而没结束这个项目，它到今天仍然很有吸引力。它对经济的刺激作用太大了，不容忽视。广告支持的互联网为诸如谷歌、脸书等许多公司提供了强大的动力，这些公司的综合市场估值超过 1 万亿美元，有力地证明了数据的价值推动它们销售广告。既然关于我们的数据明显很有价值，那么为什么不控制它呢？那不是更公平，更有成效的方法吗？

许多有识之士认为我们应该这样做，并且将来会这样做。比尔·盖茨在 1996 年提出，"如果销售人员想与你取得联系，而你已经为特权设定了价格，他们可以通过分析有关你的喜好和倾向的个人数据，来判定该潜在成本是否值得"。[①]你已决定向他们提供自己作为客户的独特价值。多克·希尔斯在《线索宣言》[②]中挑衅地说："我们不是座位、眼球、最终用户或消费者。我们是人类，我们的影响力超出您的掌握范围。认清现实吧！"多克·希尔斯认为，我们并不是被卷入消费行为的千篇一律的消费者。在他看来，"消费者"一词贬低并且不尊重我们所有人。相反，我们有能力或应当有能力使个人能够引领，而不只是跟随我们与公司和供应商的所有互动。在过去 10 年中，他提出了供应商关系管理和意图经济的概念，

---

① 比尔·盖茨《未来之路》。

② http://www.cluetrain.com/.

在这些概念中，普通人都可以开始主张对其与公司关系的控制权。按照比尔·盖茨 20 世纪 90 年代中期的观点，公司获得了与我们互动的权利，它们应该为此向我们付费。

为此，最显而易见的手段是数据保管库，它使用户能够控制自己的个人数据签名，并仅在用户决定要共享时才与公司或其他个人进行共享。其中将包括敏感数据（例如用户姓名、生日和社会保障编号①）以及行为和个人资料数据（例如消费的内容、购买的产品、关注的有影响力的人等）。今天，很多数据不是由用户而是由公司使用本书中概述的技术进行捕获并从中获利的。那么，用户可能会自然地问："为什么作者提出这样一个想法，破坏了他们的前提，还让那么多重要的技术需求都显得不必要了？"

因为这很酷、很公平，而且令人受到鼓舞。

截至目前，主要障碍是从哪里获得数据和谁获取数据的问题。接下来我们讨论个人数据将被存放在哪里，谁将对其进行管理。想象一下将来你可以把个人数据存储在 200 个可用保管库中的一个。如果你在收银台等待退税以完成薯片购买时，需要以最近六个月内所有薯片购买信息的访问权限进行换取，那么这一过程需要实时进行。在此场景中，你的数据仓库与商店使用的数据交换所进行了一系列交易，对方从你的个人数据库中获取了特定的薯片购买数据片段，这需要进行有意义的计算。跳数越多，计算量越大，当你站在结账队伍中等待退税的时间越长，无法完成退税的风险就越大。太多的个人数据库管理员导致信息交换所和航站楼杂乱无章，从而阻碍了数据在有需要时流向有需要的地方。与 Visa（维萨）卡和万事

---

① 美国政府提供给每个人的一个编号，用于官方表格、计算机记录等。——编者注

达卡一样，这种市场机制也倾向于集中化。

但是集中化，尤其是在这里的集中化需要被梳理。具有进行有效计算、代理和结算此类数据交易规模的中央参与者将积累大量的数据，从而掌控消费者和政府。在这个时代，这种灾难性失灵的风险不容忽视。

如果不是因为被称为区块链的新技术所带来的可能性，大规模数据泄露的负面后果几乎是我们无法想象的。

硅谷容易受到短暂的狂热和种种观念的冲击，因此，如果你听说过区块链，并对其持怀疑态度是很正常的。它的起源可以追溯到比特币的出现，虽然启用加密货币是其用途之一，但更普遍的是将其视为一种去中心化的分类账簿，以促进安全的跟踪和结算任何有价值的东西：捕鱼许可证、菲比玩偶或个人数据。重要的是，作为其基本结构的一部分，它支持一种被称为"智能合约"的东西，该合约促进、验证和执行可能相互信任或不相互信任的两方之间的交换条款。区块链的基本设计基于根本性的权力下放理念，以最理想的方式装备它，从而解决消费者数据的控制问题。通过有效的、扁平化的票据交换所和个人数据库，将它们分布在集体执行其功能的各种计算机上，区块链有望实现某些人几十年来的愿望——安全、对等、实时地交换个人数据。

回到等待结账的队列：想要完成退税，你可以在区块链上将薯片购买数据直接提供给商店或薯片制造商，而无须中介或票据交换所。薄的软件层需要花费一分钱的服务费用，类似于信用卡处理费。你可以放心地使用它，而且无须任何明确授权就可以访问它，很可能是以你在手持设备上进行指纹扫描的形式进行。

可能的事物越多，它们发生的速度就越快。汤姆·查韦斯最初很厌恶在手机上拍照，后来见识到手机拍照变得那么容易且方便，他的厌恶感就消退了，这里也适用同样的原理。很难想象，一旦消费者在手机上安装了一个应用程序，就能够轻松地用个人数据赚钱，这就会变得像发布照片和发短信给朋友一样令人着迷。

通过向消费者付费来使消费者共享数据很令人兴奋，而且这种共享几乎是无限的：

- 如今，优惠券、返利和奖励计划已形成了各品牌、零售商、分销商和消费者之间数千亿美元的价值交换。商家以返利或优惠券的方式吸引消费者直接提供其个人数据给品牌。我们为已经存在的市场空间消除摩擦，且这个市场空间已经准备好重新开始。

- 营销人员可以在广告和内容中嵌入"付费收集数据"小程序来进行交互。爱达荷州的一位母亲管理家庭预算，并为家庭购买食品，她可以通过卡夫的广告提供有关自己的孩子晚餐喜欢吃什么的信息，并在此过程中赚点钱。与此同时，卡夫食品公司与主要消费者建立了持久的、更个性化的联系，并收集了一些信息，这些信息将有助于未来随着孩子的成长和口味的变化为妈妈们推出新的食品和其他定制产品。

- 每个营销商都想知道我们真正在做什么，而不是在回答调查问题时所说的我们在做什么。你可能会认为自己是喜欢吃水果和蔬菜的，因为你知道应该这样，而你的购买数据可能表明你更多地购买了品客薯片和奇多。通过消费者的直接数据共享，消费者市场研究从此不再是专家组和市场调查的专业领域，而成为由数据驱动的基于事实的领域。

- 通过将从数据带来的收益引导至慈善机构和社会事业，品牌可以与具有社会意识的个人进行更有意义的互动。

- 翻转应用程序上的设置，以将数据带来的收益作为信用额，购买视频游戏中的虚拟商品，数以千万计的玩家已经加入了这场游戏。

总结

我们的研究涵盖了很多领域，可能范围太广，以至无法仅用最后几页进行总结。但由于你是一位繁忙的从业者，所以我们尽可能简明扼要地做一个总结。

三个基本原则：

- 拥抱人类的成长。放弃静态概念，例如不变的细分和渠道的固定阶段。你的客户和受众将留下"面包屑"，这些"面包屑"可以帮助你以不断发展的多种方式与他们互动。就像梅雷迪思一样，它认识到永远不会遇到两位完全一样的妈妈。

- 你实际拥有的数据可能会超出你的想象，也可能不如你的想象。不管你是坐拥大量数据，还是认为自己数据匮乏，事实真相都介于匮乏和充足之间。建立属于自己的数据资产库，将那些"藏在明处"的数据，以及有缺失但唾手可得的数据纳入其中。

- 没有一个单一的真理，但多少有一些有用的理论。这场游戏不是关于对与错的，而是要在面对不断发展的消费者理论时，在错误做法的基础上做得更好些。告别僵化的剧本。敢于犯错，并快速学习。

在将数据输入和数据输出统一到一个平台后，请应用五种数据驱动力量：

- 细分。在确定客户和受众时让思维活跃起来，并不断进行调整。如果客户角色能起作用，就可以从它着手来分析客户，但要认识到你的竞争对手可能比你做得更深入。追随喜力的脚步：更加基于事实、动态和数据进行日常运营中的细分。

- 激活。通过激活将细分转化为行动。告别地毯式轰炸，定位和评估你想要在所有可用渠道和平台上覆盖的受众群体。确切了解你的员工的去向。将达成目标的行为从愉快的巧合转变为有意达成的事实。

- 个性化。建立在细分和激活的基础上，以实现最广泛的个性化——更酷的内容、更相关的商务、更明智的销售和客户服务。效法标致雪铁龙——实时绘制页面以精准地向用户推送其想要的东西。

- 优化。调整消息发送的速度、节奏、范围和频率，最大限度地提高营销支出效率。找到最有效点，消除长尾，培养短尾，并调整新近度。

• 见解。通过前四个数据驱动力量的输出，积累有关客户的更丰富的见解。将此数据放回你的营销引擎，以提高准确性、有效性和效率。推动自我增强的良性循环向前发展。

要在你的组织中实现数据驱动型营销需要做到：

• 设计并启动卓越数据中心。效法特纳广播公司：阐明引人注目的策略；确定并授权所有者；设定明确的目标，并推动媒体、分析、信息技术和供应商之间的一致性。

• 利用能力成熟度模型，切实评估你的舞台，设计并执行从非正式到有组织再到优化的计划。

• 避免五个陷阱：第一，缺乏明确的数据转型目标。技术不是万能药。在合适的时间与合适的人一起使用技术，并将其融入合适的流程中。第二，缺乏正式所有者。授权领导者和团队完成工作。第三，"孤岛"式运作。数据转换会带来工作协调上的复杂问题。应预先制止可能阻碍最佳计划的部落主义。第四，急于求成。庆祝小胜利以让组织充满动力。利用早期举措的可衡量结果，为未来的行动提供资金。第五，无法预见风险。当不可避免的故障发生时，保持淡定，但不松懈。数据管道会中断，反对者会抱怨。要让大家相信全面数据战略有利于他们的职业生涯和公司的发展。

在为你的组织制定未来的数据策略时，请使用三层模型来绘制对谁、何时、何地等关键点的图表：

- 具名。投资于数据管理，以动态的360度实时方式了解你的客户。要以智能的方式经由每个表面和通道精准地接触客户。

- 个性化。为每个客户提供更多其想要的东西，更少其不想要的东西，这样才能扩展你的品牌知名度，并增加收入。使用人工智能和机器学习来全面个性化所有客户参与，包括广告、内容、商业、销售和服务。

- 用户参与。通过绘制你的品牌客户历程，在正确的时间和正确的位置吸引用户。以不同的顺序和组合来衡量不同接触点的有效性。精心打造用户购买历程，从而带来你所寻求的用户参与。

具名、个性化和用户参与的同步至关重要。没有人工智能的数据管理会更快地发送错误的信号。如果没有业务流程，我们偶尔会很幸运地发送相关信号，但时间不正确。没有人工智能的业务流程是对消费者购买历程的硬编码脚本，却不知道什么历程会带来实际上的最佳结果。未来数据转换的制胜策略会仔细模拟具名、个性化和用户参与之间的相互作用。

最后，使用七个预测来调整你的未来传感器。有些会通过，有些会错过，还有些可能会激发出有益的新的可能性和新概念。使用它们不是作为既有事实，而是作为起点，可以帮助你创造吸引用户的新机会，并重塑用户参与。你一定可以！

致谢

在谷歌工作的人称自己为"谷歌人",微软的员工是"微软人",推特员工是"推特人"。每个帮助我们存活下来的人,都不仅仅是在帮助一个新公司,而是在帮助一个新物种,这需要一点疯狂。正是基于这个原因(以及想要创造性地应用公司名 Krux 中的首字母 K),我们决定自称"疯子们"(Krazies,此处把 crazy 这个词中的字母 C 换成了 K)。当汤姆・查韦斯发出公告,让所有人都知道我们将成为 Salesforce 的一部分时,这条信息像过去 6 年中公司所有其他的信息一样,被发送给了 Krux 的"疯子们"。

从头开始建立公司总是很疯狂的,但是 Krux 通过数据和人工智能重塑营销的野心特别大。本书是对智力资本的提炼,我们很幸运能为此做出贡献,过去 8 年里的成就是由众多才华横溢的"疯子们"共同创造的。他们是书中分享的思想和工具的发起者。我们只是提供了帮助,进行了解说,我们非常感谢所有人。

从始至终 Krux 的营收领导者都是 Matt Kilmartin,他知道如何说服早期客户加入并踏上这一旅程,而今他仍然是最狂热的拥护者。Joe Reid 本来是前往欧洲解决一些短期问题的,最终却在欧洲待了三年多，让我们成为欧洲大陆上唯一的数据管理供应商。Jon Suarez Davis 是我们遇到的第一位受过传统营销训练的人员，他理解数据驱动方法的可能性，并愿意押上自己的职业生涯。他一直担任 Salesforce 营销云业务的首席战略官和首席营销官，继续推动现代营销的转型。Debra Kadner 一步一步地将我们的数据集成引擎分开，又重新组合在一起，再进行扩展，以支持上千个客户。

Chris Goldsmith 的大智慧和对复杂数据与消费者身份数据对话的兴趣，帮助我们与关键客户和合作伙伴建立了重要的联系。Mike Moreau 领导了我们所有早期客户方案的实施工作（当时我们尚无法摆脱平台的麻烦），并将汤姆和维为克关于点对点数据流的想法转变为 Krux 链接，如今后者已发展为 Salesforce 的数据工作室。客户服务领导者 Xavier Zang，Paul Bates，Ted Flanagan，Jonathan Joseph 和 Anupam Gupta 表现出色，他们是支持了本书许多案例中的数据创新者，并将他们的经验转化为持续成功的框架。我们人工智能团队的负责人 Yacov Salomon 用数学让每个人保持诚实，监督了我们最强大的人工智能和数据科学功能的扩展。Roopak Gupta 监督了我们交付过的每个应用程序级功能的创建。Jos Boumans 领导了云基础设施的建设，该基础设施使在序言中谈到的 1 000 倍成本效益的突破，使 1 000-1 性价比突破成为现实。我们小巧而又强大的产品团队（包括 Joydip Das，Justin Davis，Max Anderson 和 Raji Bedi）不懈地将半成熟的想法和市场需求转化为有效产品，帮助客户实现其最高目标。特别鸣谢我们的消费者隐私产品负责人 Max Anderson，他向我们所有人介绍欧盟《通用数据保护条例》和数据隐私法规的要点，并将它们变成 Salesforce 的《通用数据保护条例》合规和同意项管理的成功解决方案。

Alex Rosen，Arthur Patterson，Nino Marakovic，Howard Charney 和 Mike Galgon 不仅是投资者，还是耐心的导师、思想合作伙伴以及 Krux 使命的支持者。

Salesforce 是一家特别的公司，致力于发展和创新，这使 Krux 于 2016 年 11 月被收购后，得以扎根并实现蓬勃发展。Marc Benioff 和联合创始人 Parker Harris 是我们通过数据和人工智能促进现代营销转型愿景的早期坚定支持者。在他们的领导下，本书所描述的突破每天都在为数百名 Salesforce 出色客户所提供的服务中展现出来。Salesforce 公司的企业发展和风险投资主管 John Somorjai 在并购 Krux 之前与汤姆进行了数月的艰难谈判。收购交易完成后，John 使 Krux 成为 Salesforce 历史上最快最成功的集成产品之一。Salesforce 资深人士 Woodson Martin 最早抓住了 Krux 加入 Salesforce 的机会。Chris Hecht 在龙卷风侵袭时期坚持办公并完成了交易。Meghan Levin，Ryan Young 和并购团队其他成员不懈地努力，将我们带入了 Salesforce 大厦。Dan Farber 是本书的早期支持者。没有他的持续指导，本书就不可能完成。

麦格劳—希尔公司的编辑 Casey Ebro 帮助我们以惊人的效率，将书稿从初稿转化为半成品再到最终出版。我们的朋友兼编辑 Susie Stulz 帮助我们完善了措辞和语法。Jessica Henry 将我们丑陋的草图升级为有用的插图。我们还必须感谢最佳的商业出版代理人 Jim Levine，初次见面几天之后，他在飞往摩洛哥的途中读了我们的手稿，就以闪电般的速度帮我们联系麦格劳—希尔公司的 Casey Ebro。

当然，没有我们出色的客户，就不会有这本书。我们非常感谢这些开拓者，他们给了我们充分的信任，为我们的数据驱动转型提供支持，且直到今天仍与我们合作。他们是数据先驱，改变了自己的职业生涯，也改变了公司，他们也是革新营销本质的领导者。非常感谢喜力媒体副总裁 Ron Amram，乔治亚—太平洋首席营销官 Douwe Bergsma，梅雷迪思公司首席营销官 Alysia Borsa，好时公司媒体高级目标定位经理 Ashlee Carlisle，好时公司综合媒体高级市场总监 Charlie Chappell，利洁时公司高级数字和数据驱动营销人员 Anita Cheung，科瑞格绿山咖啡首席信息官 Mike Cunningham，亿滋欧洲媒体与全球数字合作伙伴关系总监 Gerry D'Angelo，家乐氏公司北美市场运营总监 Amaya Garbayo，标致雪铁龙集团数据驱动营销产品负责人 Samir El Hammami，喜力美国公司总裁兼首席执行官 Ronald den Elzen，comScore 广告商和代理商高级副总裁 Aaron Fetters，家乐氏公司体验计划副总监 Jim Kizka，欧莱雅美国公司首席营销官 Marie Gulin，华纳兄弟娱乐公司数字产品、平台和策略执行副总裁 Justin Herz，欧莱雅 Omni Media 高级副总裁 Nadine Karp McHugh，特纳广播公司企业战略执行副总裁 Stephano Kim，家乐氏公司全球营销运营高级总监 Chris Osner-Hackett，金宝汤公司数字营销副总裁 Matthew Pritchard，金宝汤公司全球媒体和营销服务副总裁 Marci Raible，好时公司可寻址媒体和技术主管 Vincent Rinaldi，亿滋公司全球媒体与消费者参与副总监 Ivelisse Roche，百威英博数字策略和创新总监 Jonny Silberman，家乐氏公司媒体运营副总监 Gayle Smilanich，潘多拉公司货币化和营收高级副总裁 Dave Smith，Salesforce 营销云首席战略官 Jon Suarez Davis，Freckle IoT 创始人兼首席执行官 Neil Sweeney，以及帝亚吉欧啤酒公司总裁 Nuno Teles。